첫 번째
태팅레이스

Lady Boutique Series No.3344 Tatting Lace No Suteki Na Komono
ⒸBoutique-sha, Inc. 2011
Originally published in Japan in 2012 by BOUTIQUE-SHA, Inc. TOKYO,
Korean translation rights arranged with BOUTIQUE-SHA, Inc. TOKYO,
through TOHAN CORPORATION, TOKYO, and BC Agency, SEOUL.
—

첫 번 째
태팅레이스

sumie 지음, 최수진 옮김, 하미경(위드) 감수

책밥

첫 번째 태팅레이스

한 땀 한 땀 손끝으로 만드는 20가지 소품

—

2014년 11월 25일 1판 1쇄 인쇄
2014년 12월 5일 1판 1쇄 발행

—

지은이 Sumie
옮긴이 최수진
감수자 하미경
펴낸이 이상훈
펴낸곳 책밥
주소 121-883 서울시 마포구 독막로3길 8(합정동 412-19) 재성빌딩 2층
전화 번호 02) 582-6707
팩스 번호 02) 335-6702
홈페이지 www.bookisbab.co.kr
등록 2007.1.31. 제313-2007-126호

—

기획 · 진행 김난아, 정미애
디자인 디자인허브

—

ISBN 979-11-952479-2-9 (13590)
정가 13,000원

책밥은 (주)오렌지페이퍼의 출판 브랜드입니다.

이 도서의 국립중앙도서관 출판예정도서목록(CIP)은 서지정보유통지원시스템 홈페이지
(http://seoji.nl.go.kr)와 국가자료공동목록시스템(http://www.nl.go.kr/kolisnet)에서
이용하실 수 있습니다.(CIP제어번호: CIP2014033959)

태팅레이스란…

'셔틀'이라는 배 모양의 작은 실패를 사용하여
연속으로 매듭을 만드는 레이스를 태팅레이스라고 한다.
이 책은 외출용 액세서리부터 집안을 장식하는 소품까지,
일상생활을 색다른 기분으로 즐기게 해 주는 소품을 소개한다.
다양한 디자인의 태팅레이스를 만들 수 있을 뿐 아니라
천, 비즈 등과의 조합 방법까지 참고할 수 있다.
사진과 친절한 설명을 통해 부담 없이 태팅레이스를 시작해 보자.

베타테스터의 글

2010년 6월, 인터넷 검색을 통해 처음 알게 된 태팅레이스.

첫눈에 반해 시작한 이후 이렇게 베타테스터에도 참여할 수 있어 기쁩니다. 제가 태팅레이스를 시작했던 몇 년 전에는 번역서가 아닌 원서만 있었기에 알아볼 수 없는 일본어나 영어 설명에 많은 답답함을 느꼈습니다. 그러한 어려움 때문에 태팅레이스를 어느 정도 익힌 후에는 제가 직접 블로그에 기초 동영상을 만들어 올리기도 했고, 그렇게 블로그 활동과 태팅레이스 카페 활동을 하면서 도안 작가로 참여한 책이 발간되는 즐거움도 있었습니다.

이번에는 베타테스터로서 작업한 책이 출간되었습니다. 더군다나 이렇게 예쁜 소품을 가진 태팅레이스 도서가 한글로 번역되어 나온다니 이는 분명 많은 테터 분들의 기쁨이 아닐까 생각합니다. 이 책은 태팅레이스를 처음 시작하는 분부터 이미 접하고 계신 분들까지 두루 보실 수 있는 난이도이며, 자신만의 아기자기한 소품을 만들 수 있도록 도와주는 책입니다.

앞으로도 태팅레이스 번역서가 더 많이 나오길 기다리면서, 베타테스터의 기회를 주신 책밥에 감사의 뜻을 전합니다.

베타테스터 김지혜(유레카)
도서 〈초보자도 두 시간이면 뚝딱! : 태팅레이스〉 中 크리스마스 별 도안 작가
네이버 블로그 ureca09.blog.me 운영

Tatting lace

감수자의 글

외국 서적조차 구하기 어려워 해외 구매 사이트를 뒤지곤 했던 게 엊그제 같은데, 제가 감수한 태팅레이스 번역 서적만 벌써 세 권째라니 감회가 남다릅니다. 하루가 다르게 잎을 내며 부지런히 자라는 새싹을 바라보는 듯 뿌듯하고 기쁘네요. 앞으로도 계속 더 많은 한글 태팅 서적이 나와 생활 속의 태팅으로 자리 잡길 바라 봅니다.

〈첫 번째 태팅레이스〉는 이루 말할 수 없이 친절한 책이에요. 태팅을 전혀 모르는, 처음 배우는 분들께 딱 좋은 서적이랍니다. 세세한 부분 부분마다 상세한 과정 사진이 함께 실려 있어 입문서로 사용하시기에 아주 좋습니다. 딤플드 링이나 클루니 리프, 비즈 태팅 같은 중급 기법들도 알아보기 쉽게 설명하고 있어서 이 책 한 권이면 입문부터 초 · 중급 기술까지 섭렵할 수 있답니다. 수록된 도안들도 무척 아름다워요. 특히 '미니 슈즈'는 일본어 판 원서 때부터 이미 인기가 많았던 작품이죠.

특히 태팅레이스를 실용적으로 활용하고 싶은 분들께 딱 맞는 책이랍니다. 기껏 열심히 만든 레이스를 보관함에만 고이 모셔 두는 게 아닌, 생활에 응용할 수 있는 방법을 보여 주기 때문이죠. 이 책과 함께 우아하고 매력적인 태팅의 세계로 입문하시길 바랍니다. 분명 좋은 길잡이가 되어 줄 거예요.

감수자 하미경(위드)

태팅레이스 디자이너
저서 〈태팅레이스를 뜨는 오후〉
바늘이야기 태팅 취미&자격증 과정 강사
한국태팅협회 KTLA 이사
네이버 태팅 카페 '그녀의 오후' 매니저
2014 Hand-Knitting 대전 특별상 수상

목차

Tatting lace

태팅레이스 기초 지식

작품을 시작하기 전에 필요한 도구와 실을 준비하여 기본적으로 매듭 만드는 방법을 알아봅니다.

✿ 도구

a **태팅 셔틀** : 배 모양의 실을 감는 도구로, 실을 위아래로 움직이면서 매듭을 만든다. 끝 부분이 뾰족한 형태의 셔틀은 실을 잡아당기거나 풀기 편하다.

b **레이스용 코바늘** : 촘촘히 짜여 있는 부분의 실을 잡아당기거나 피코에 연결할 때 사용한다. 태팅레이스에 편리한 펜던트 타입도 있다.

c **가위** : 실을 자를 때 사용한다. 수예용 가위가 편리하다.

d **십자수 바늘** : 실을 마무리할 때 사용한다. 바늘 끝이 둥글기 때문에 가는 실에 적합하다.

e **풀림방지액** : 실의 끝 부분 처리에 사용한다.

✿ 실

레이스실을 사용한다. '#' 번호가 클수록 실은 가늘어진다. 실이 가늘수록 섬세한 작품으로 완성된다. 이 책에서는 면 레이스실 #40(10g 묶음), 레이스실 #30(25g 묶음), 라메 레이스실 #30(20g 묶음), 비단 레이스실 #30(20g 묶음) 등 네 종류를 사용하고 있다. 모든 작품이 실을 조금만 사용하기 때문에 각 작품의 만드는 방법을 소개할 때는 사용량을 표기하지 않았다.
('#40'은 '40수 실'을 의미한다. 같은 번호의 실을 사용하면 비슷한 크기의 작품을 만들 수 있다. 회사에 따라 차이가 있으니 비교해 보고 사용하는 것이 좋다. 이 책에서는 다루마(무라사키노, 아오이)의 레이스실을 사용했다. 라메 실은 금색과 은색이 섞인 빛나는 실을 말한다. —옮긴이)

같은 모티브라도 실의 굵기에 따라 작품의 크기가 변한다.

40   # 30

Tatting lace

셔틀에 실 감기

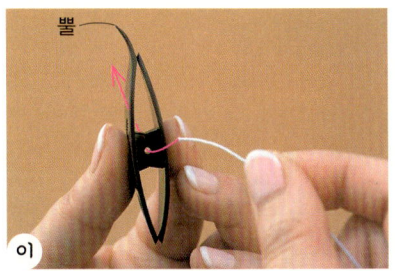

01

왼손으로 셔틀을 세로로 잡고 뿔이 왼쪽으로 오도록 한 후 중심의 구멍에 실을 통과시킨다.

02

통과시킨 실 끝을 검지와 중지 사이에 끼우고, 실 묶음에 연결되어 있는 쪽의 실을 화살표 방향과 같이 셔틀 안쪽으로 통과시켜 반대편으로 넘긴다.

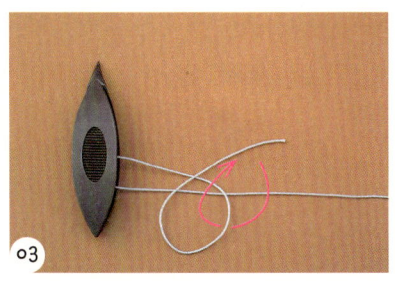

03

실 위에서 원을 만들고, 실 끝을 화살표와 같이 원 안에 넣는다.

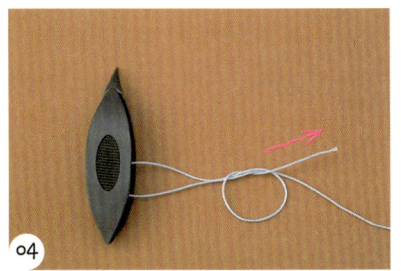

04

실 끝을 잡아당겨 매듭을 만든다.

05

실 묶음에 연결되어 있는 쪽의 실을 당겨 매듭이 셔틀의 중심에 오도록 한다.

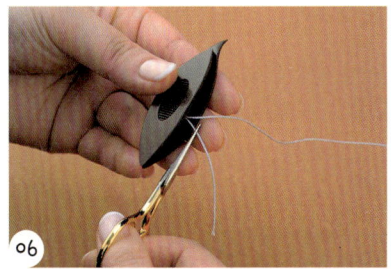

06

실 끝을 짧게 자른다.

07

셔틀을 세로로 잡고 뿔이 왼쪽으로 오도록 한 후 실을 앞쪽에서 반대편으로, 균등하게 평평해지도록 감는다.

08

실을 다 감았다. 실을 자른 후 작품을 만들기도 하고, 실 묶음에 연결한 채 만들기도 하므로 주의한다.

POINT 실이 셔틀의 양 측면으로 삐져나오지 않을 정도로 감는다. 실을 너무 많이 감으면 삐져나온 실이 더러워지거나 셔틀의 입이 벌어지는 원인이 되므로 주의한다.

셔틀의 입

◈ 더블 스티치

태팅의 가장 기본 기법으로, 태팅레이스의 다양한 모양은 '더블 스티치'라는 기본 한 코의 연속으로 이루어진다.

기본 한 코(더블 스티치)

심지 실에 또 다른 실을 '첫 땀'→'둘째 땀' 순서로 매듭지으면 기본 한 코가 된다. 이것을 더블 스티치라고 한다.

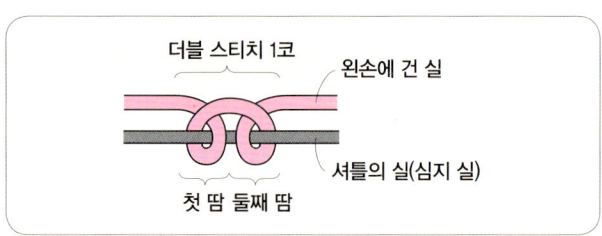

연속 코

더블 스티치를 2회 반복하여 두 개의 코를 만들었다. 이처럼 코와 코 사이를 벌리지 않고 연속해서 코를 만들어 간다.

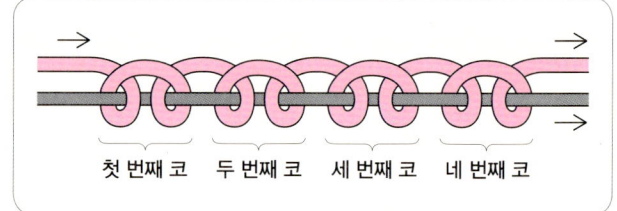

◈ 체인 · 피코 · 링

더블 스티치를 반복하여 '체인'과 '링'을 만들면 다양한 모양의 작품을 완성할 수 있다. 사이사이에 피코를 만들어 주면 작품이 더욱 사랑스러워지며 체인이나 링을 연결하는 역할도 한다.

체인 · 피코

더블 스티치를 직선으로 연결한 것을 '체인'이라고 한다. 자연스럽게 곡선을 그린다.

링

심지 실에 코를 연속해서 연결하여 만든 고리 모양을 '링'이라고 한다.

체인, 링, 피코를 조합하여 만든 작품이다.

체인 만들기

체인을 만들면서 '더블 스티치'를 확실히 익혀 보자. 셔틀에 감은 실과 실 묶음의 실을 모두 사용한다. 여기서는 알기 쉽게 2가지 색의 레이스실을 사용하여 설명한다.

◉ 오른손으로 셔틀 잡기

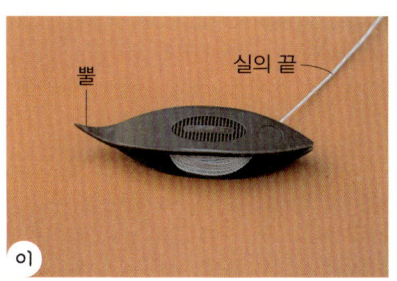

이1

셔틀의 뿔이 있는 면이 위로 오도록 하고, 감은 실의 끝이 오른쪽 위로 나오게 한다.

이2

오른손 검지와 엄지에 셔틀을 끼워 잡는다. 실 끝은 새끼손가락 쪽으로 나온다.

◉ 왼손에 실 걸기

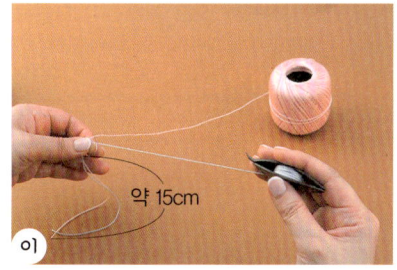

이1

실 묶음에 연결되어 있는 실과 셔틀에 감은 실의 끝을 모은 후 끝에서 약 15cm 되는 곳을 왼손의 엄지와 검지로 잡는다.

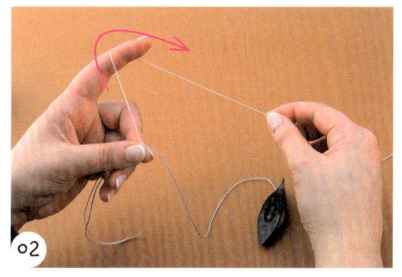

이2

같은 곳을 왼손의 중지와 엄지로 다시 잡고 검지를 세운다. 실 묶음의 실을 검지에 건다.

이3

검지에 건 실을 그 상태로 왼손의 새끼손가락에 1~2번 감아 실이 미끄러지지 않도록 고정한다.

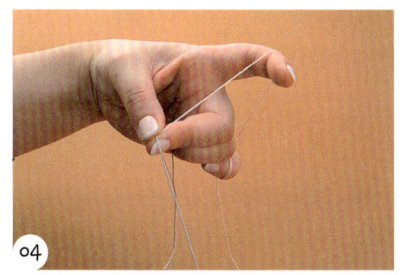

이4

새끼손가락을 구부린다.

> **TIP 실을 거는 다른 방법**
> 다음 사진과 같이 검지와 엄지로 잡고 중지에 실을 거는 방법도 있다. 어떤 것이든 각자 쉬운 방법을 택하여 실을 걸면 된다.
>
>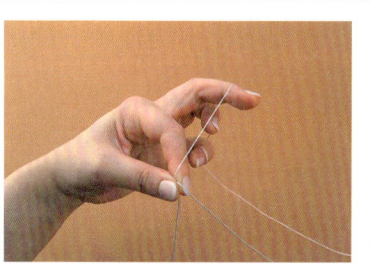

첫 땀 만들기

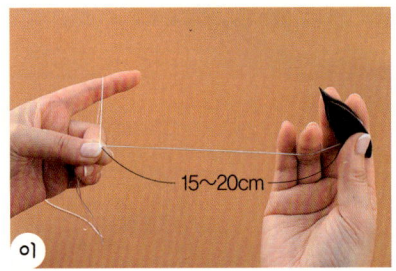

01

15~20cm

왼손으로 누르고 있는 부분부터 셔틀까지 실의 길이를 15~20cm로 맞춘다.

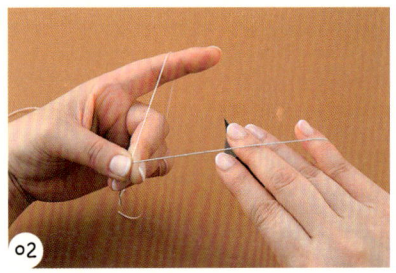

02

셔틀의 실을 오른손 새끼손가락에 건 채 손목을 돌려 손등 쪽으로 오게 한다.

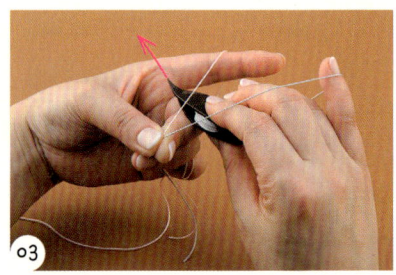

03

셔틀을 그대로 왼손의 엄지와 검지 사이에 걸려 있는 실 밑으로 통과시킨다.

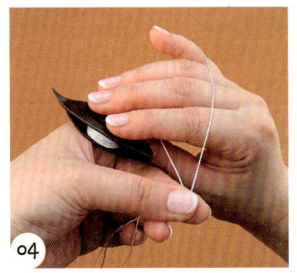

04

셔틀이 실 밑을 완전히 지나가도록 안쪽으로 쭉 집어넣는다. 이때 오른손의 검지와 셔틀 사이로 실이 빠져나온다.

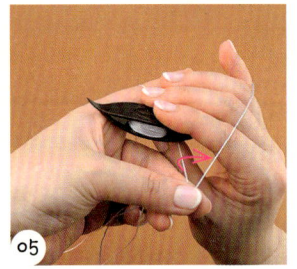

05

이번에는 왼손에 있는 실 위쪽으로 셔틀을 통과시키고 오른손을 제자리에 놓는다.

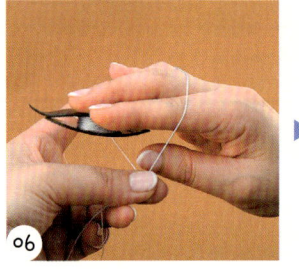

06

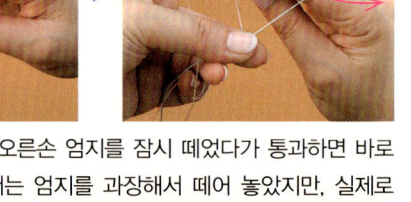

실 위쪽을 통과할 때 오른손 엄지를 잠시 떼었다가 통과하면 바로 다시 누른다.(사진에서는 엄지를 과장해서 떼어 놓았지만, 실제로는 셔틀을 잡은 채 셔틀과 엄지 사이로 실이 미끄러지듯 빠지도록 한다.)

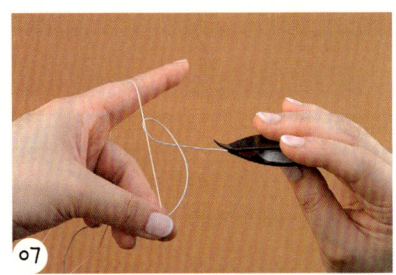

07

오른손 손등에 걸려 있던 실 밑으로 셔틀이 나오면 오른손을 당긴다. 왼손의 실에 셔틀의 실이 감긴 상태가 된다.

중요 포인트 코 옮기기

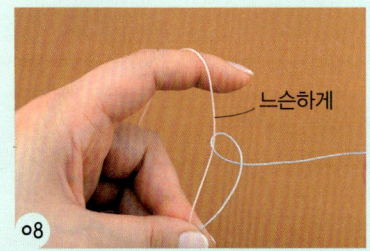

느슨하게

08

왼손의 검지를 조금 구부려 왼손에 걸려 있는 실을 느슨하게 한다.

팽팽하게 잡아당기기

코가 옮겨졌다

09

그대로 오른손을 당겨 셔틀의 실을 팽팽하게 잡아당긴다. 왼손의 실이 오른손의 실에 감긴 상태로 변한다. 이것을 '코 옮기기'라고 한다. 셔틀의 실이 심지 실이 된다.

Tatting lace

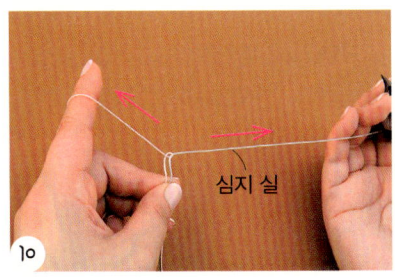

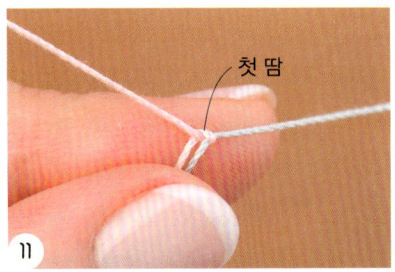

첫 땀

심지 실

10 코가 옮겨진 상태로 오른손의 실을 당긴다. 그와 동시에 구부리고 있던 왼손의 검지도 펴서 코를 왼손 엄지와 중지로 누르고 있는 위치까지 이동한다.

11 첫 땀이 완성된다.

● 둘째 땀 만들기

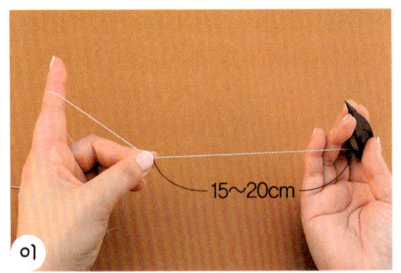

15~20cm

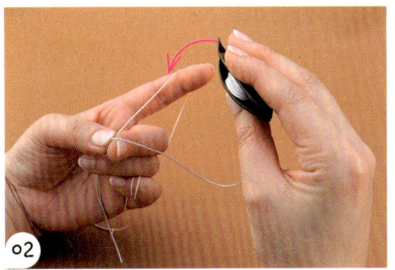

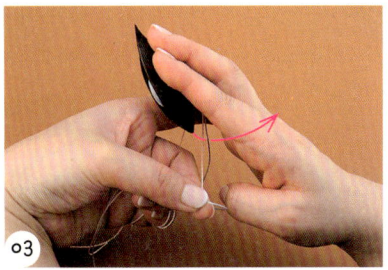

01 왼손으로 첫 땀을 누르고, 셔틀까지 실의 길이를 15~20cm로 맞춘다.

02 셔틀을 왼손의 엄지와 검지에 걸려 있는 실 위로 가져간다.

03 오른손의 엄지를 잠깐 떼어 셔틀을 왼손의 실 밑으로 넣는다.

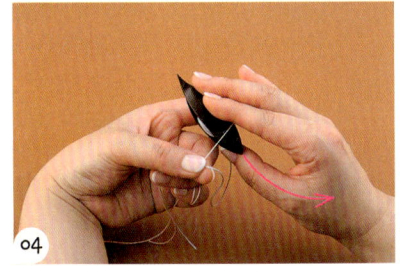

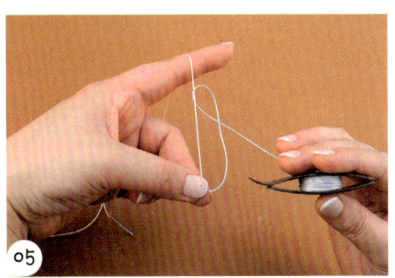

04 셔틀의 일부가 통과하면 다시 엄지로 누르고 그 상태로 오른손을 잡아당긴다. 이때 오른손 검지와 셔틀 사이로 실이 미끄러지듯 빠져나간다.

05 왼손에 있는 실에 셔틀의 실이 감긴 상태가 된다.

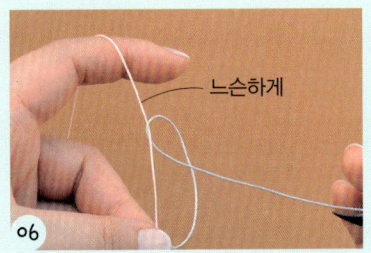

중요 포인트! 코 옮기기(P.14 참조)

느슨하게

06

왼손의 검지를 조금 구부려 왼손에 걸려 있는 실을 느슨하게 한다.

팽팽하게 잡아당기기

코가 옮겨졌다

07

오른손의 실을 팽팽하게 잡아당겨 코를 옮긴다.

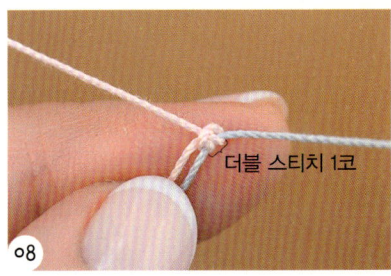

더블 스티치 1코

08

그 상태로 오른손의 실을 당겨서 코를 조이면 둘째 땀이 완성된다. 여기까지 하면 더블 스티치 1코를 만든 것이다.

09

첫 땀과 둘째 땀 만들기를 반복한다.

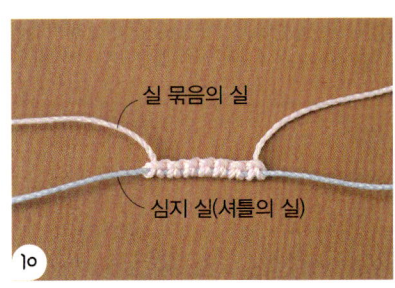

실 묶음의 실

심지 실(셔틀의 실)

10

7코의 체인이 완성되었다. 셔틀의 실에 실 묶음의 실이 감겨 있다.

 TIP 코를 올바르게 옮기지 않으면…

코를 올바르게 옮기지 못하면 실 묶음의 실이 심지 실이 되어 셔틀의 실이 감긴다. 이럴 경우 코를 풀고 다시 만든다 (P.122 참조).

올바르게 옮기지 않은 코

올바른 코

피코 만들기

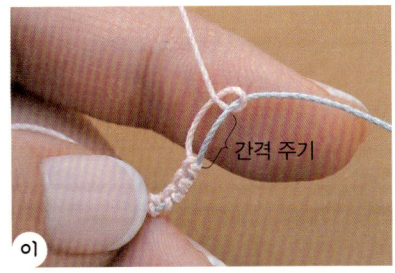

간격 주기

01

첫 땀을 만들 때 실을 완전히 잡아당기지 말고 앞 코와 약간 간격을 둔다.

끌어당기기

02

간격을 두고 1코를 만든다. 그 1코를 앞 코 쪽으로 끌어당긴다.

03

벌린 간격의 절반 길이가 피코의 높이가 된다. 피코와 동시에 다음 1코도 만들어진다.

Tatting lace

04

계속해서 코를 만든다. 체인의 중앙에 피코
가 만들어졌다.

링 만들기

셔틀에 감은 실 1가닥을 사용한다. 체인을 만드는 방법에서 소개한 더블 스티치를 참조해서 만든다.

왼손에 실 걸기

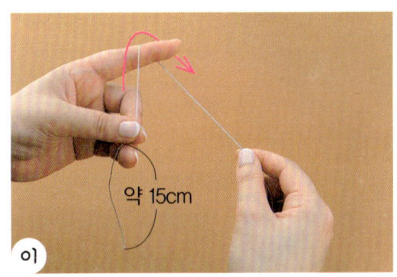

01

셔틀에 감은 실의 끝에서 약 15cm 되는 곳
을 왼손 엄지와 중지로 잡고 검지에 건다.

02

계속해서 새끼손가락에 건다.

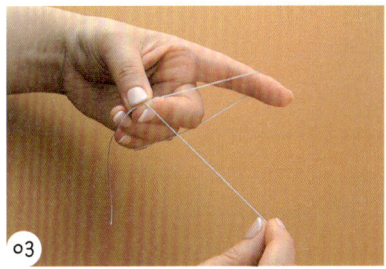

03

한 번 돌린 실을 엄지와 중지로 잡는다.

코 만들기

※ P.14~15의 '첫 땀 만들기'와 '둘째 땀 만들기'를 참조해서 코를 만든다.

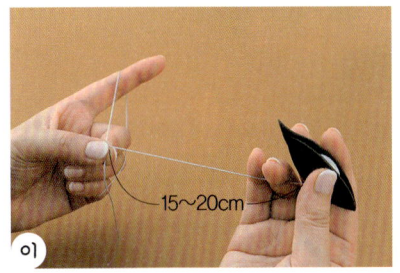

01

왼손으로 누른 곳에서 셔틀까지 실의 길이
를 15~20cm로 맞춘다.

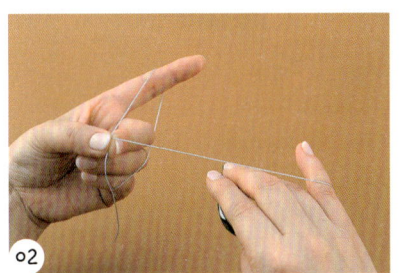

02

실을 오른손 새끼손가락에 건 채 손목을 돌
려 손등 쪽으로 오게 한다.

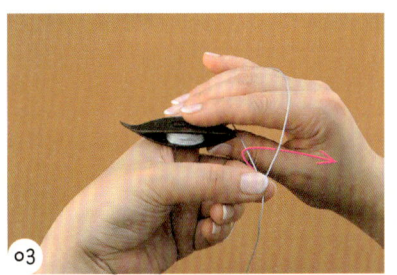

03

셔틀이 왼손의 실을 빠져나가게 한다.

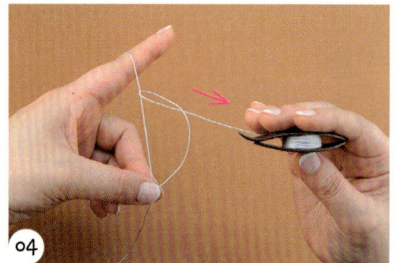

04
오른손의 셔틀을 당긴다.

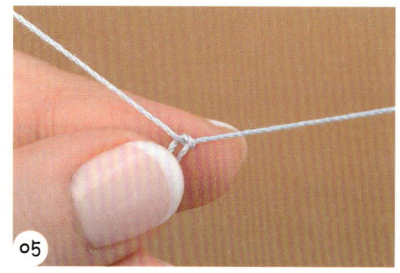

05
첫 땀이 완성된다.

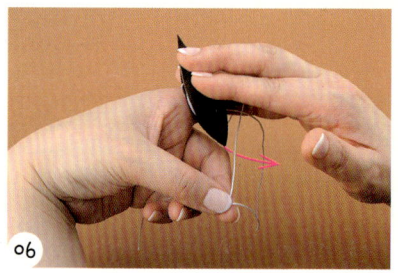

06
계속해서 둘째 땀을 만든다.

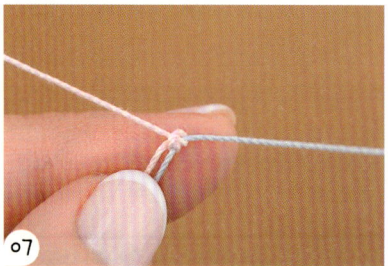

07
둘째 땀이 완성되었다.

 TIP 만드는 도중에 왼손에 걸고 있는 고리가 작아지면…

코를 몇 개쯤 만들면 왼손에 걸고 있는 실의 고리가 점점 작아진다. 이 경우 왼손에 실을 건 채 고리의 새끼손가락 쪽 실을 오른손으로 잡고 아래쪽으로 당겨 고리를 넓혀 준다. 이때 왼손의 엄지와 중지로 코를 가볍게 누르면서 당긴다.

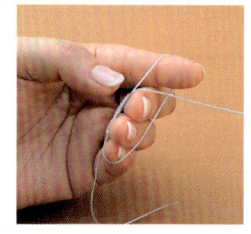 ▶ 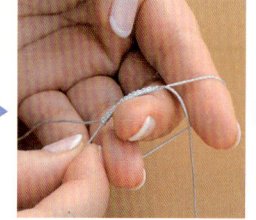 ▶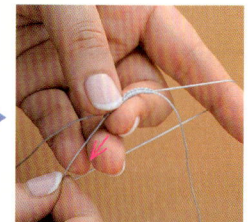

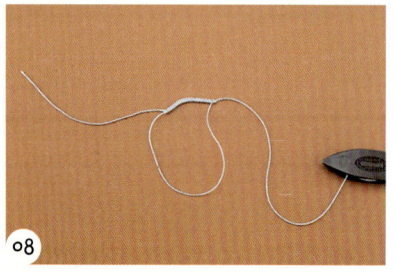

08
코를 필요한 만큼 만든다. 이해를 돕기 위해 왼손에서 실을 빼 놓았다.

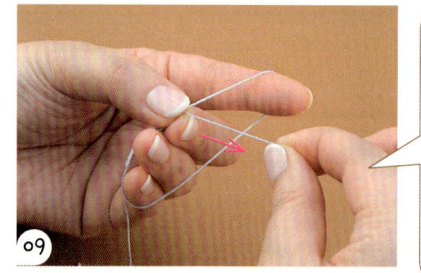

09
마지막에 만든 코를 왼손으로 누르고 오른손으로 셔틀의 실을 당겨 실의 고리를 조인다.

TIP 실을 당기는 방향

O
고리 모양의 흐름에 따라 자연스러운 방향으로 실을 당긴다.

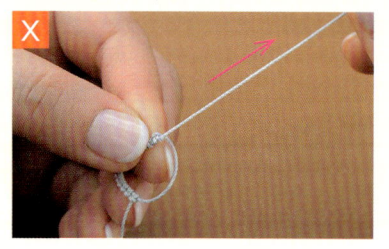

X
엉뚱한 방향으로 무리하게 실을 당기면 실이 잘 조여지지 않아 간격이 벌어진다.

10
실의 고리를 조여 링을 완성한다.

리버스 워크

링과 체인은 위쪽으로 곡선을 그리면서 만든다. 링과 체인의 곡선 방향이 반대로 되어 있는 도안의 경우 링에서 체인으로(또는 체인에서 링으로) 넘어갈 때 작품을 뒤집어 아래쪽에 곡선을 만들어야 한다. 이렇게 작품을 뒤집는 것을 '리버스 워크'라고 한다.

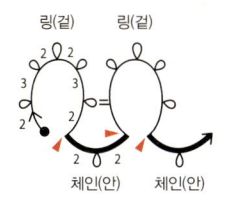

▼ = 리버스 워크(뒤집기) 위치

01 첫 번째 링을 만든 후 리버스 워크를 한다. (화살표와 같이 위아래를 반대로 뒤집는다.)

02 링이 아래쪽으로 온다.

03 계속해서 체인 부분을 만들기 위해 새로 실 묶음의 실을 가져와 링과 함께 잡는다.

04 체인을 만든다.

05 리버스 워크를 하여 체인의 곡선을 아래쪽으로 둔다.

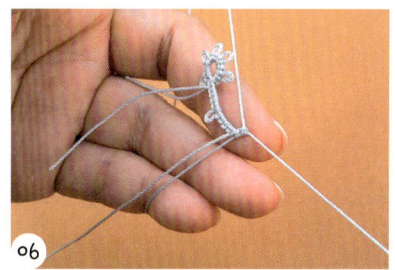

06 계속해서 링을 만든다. 앞의 과정을 반복한다.

작품의 겉과 안

매듭에는 겉과 안이 있으며, 피코 밑부분의 매듭으로 구분한다.

※ 리버스 워크를 하면서 만드는 작품의 경우 한 작품 속에 겉과 안 양면이 모두 나타난다. 눈에 띄는 피코가 많은 면을 겉으로 오게 한다.

겉

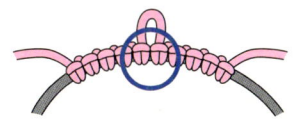

피코 밑부분의 매듭에 머리가 있다.

안

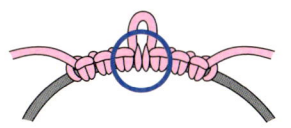

피코 밑부분의 매듭에 머리가 없다.

링의 피코를 겉으로 오게 한 경우

체인의 피코를 겉으로 오게 한 경우

만들기 도안 보는 방법

이 책에서는 각 기법을 간결하게 나타내는 도안으로 작품 만드는 방법을 표시했습니다.
만들기 도안을 보는 방법에 대하여 함께 살펴보겠습니다.
개별 작품마다 만드는 순서를 도안 옆에서 자세히 설명하고 있으니 참고해 주세요.

셔틀과 실 묶음 마크

작품을 만드는 데 필요한 셔틀과 실 묶음의 개수를 나타낸다. 만들기 전에 필요한 개수를 준비한다.

	= 셔틀 1개만으로 만드는 작품
+	= 셔틀과 실 묶음 각 1개씩으로 만드는 작품 (셔틀과 실 묶음의 실을 서로 다른 색으로 사용 가능)
	= 셔틀과 실 묶음 각 1개씩으로 만드는 작품 (셔틀과 실 묶음의 실을 같은 색으로 쓰며, 셔틀에 실을 감은 후 끊지 않고 시작)
A + B	= 셔틀 2개로 만드는 작품

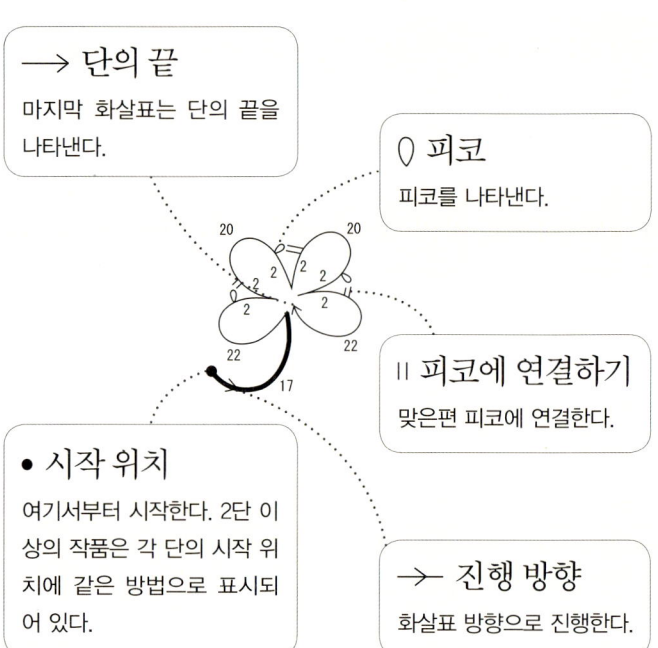

→ 단의 끝
마지막 화살표는 단의 끝을 나타낸다.

○ 피코
피코를 나타낸다.

‖ 피코에 연결하기
맞은편 피코에 연결한다.

● 시작 위치
여기서부터 시작한다. 2단 이상의 작품은 각 단의 시작 위치에 같은 방법으로 표시되어 있다.

→ 진행 방향
화살표 방향으로 진행한다.

━━ 두꺼운 선
체인을 나타낸다.

── 얇은 선
링을 나타낸다.

┃ 락조인(Lock join)
락조인을 나타낸다.

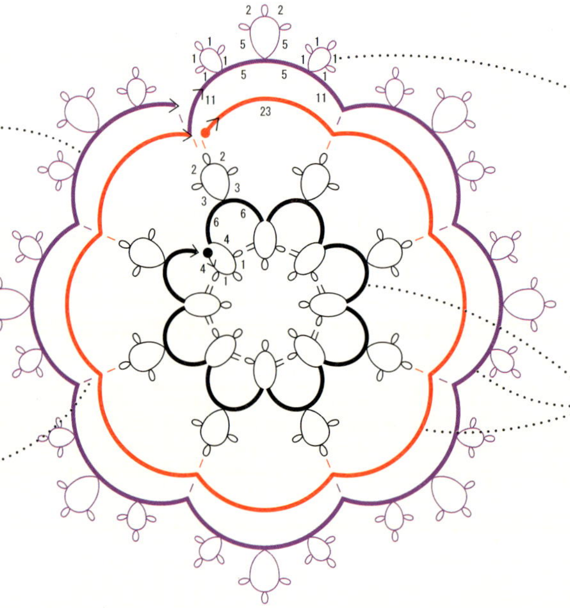

숫자
더블 스티치의 코 수를 나타낸다. 반복하는 경우는 숫자를 생략했다.

선의 색
단별로 선의 색이 다르다. 첫 번째 단은 검은색, 두 번째 단은 빨간색, 세 번째 단은 보라색, 네 번째 단은 녹색 선이다. '목피코(Mock picot)'는 하늘색 선으로 나타낸다.

Tatting lace

이 책에서 사용하는 기법

작품을 만들 때 사용하는 다양한 기법을 소개하겠습니다.

🔷 링과 링 연결하기(조인(join)하기)

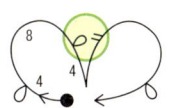 

이 첫 번째 링을 만든다.

02 두 번째 링의 첫 4코를 만든다.

03 첫 번째 링의 피코를 왼손에 걸려 있는 실 위에 얹는다.

04 셔틀의 뿔로 피코 밑에 있는 실을 화살표 방향으로 꺼낸다.

05 실의 고리를 크게 늘린다.

👉 **TIP** 레이스용 코바늘을 사용하여 실을 꺼내는 방법

코바늘

레이스용 코바늘을 넣어 피코 밑에 있는 실에 건다.

실을 피코로 꺼내 고리를 크게 늘린다.

06 고리 속에 셔틀을 화살표 방향으로 통과시 킨다.

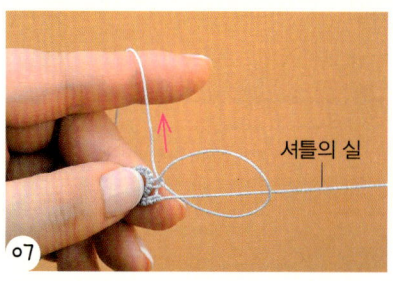

셔틀의 실

07 왼손에 걸려 있는 실을 당겨 고리를 조인다.

08 고리를 조인 상태에서는 다음 1코가 만들어 져 있지 않다.

8코

09 8코를 만든다.

피코

4코

10 계속해서 피코, 4코를 만든다. 두 번째 링이 완성된다. 첫 번째 링과 피코 부분에서 연 결되어 있다.

● 폴디드 조인(folded join)하기

마지막(네 번째) 링을 처음(첫 번째) 링에 연결하는 방법이다. 연결 부분이 비틀어지 지 않고 보기 좋게 마무리된다.

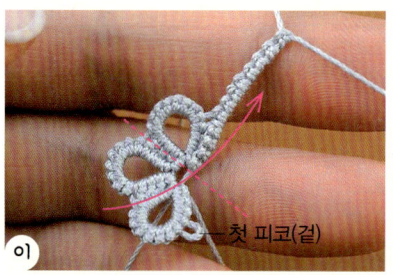

첫 피코(겉)

01 네 번째 링을 첫 번째 링에 연결하기 직전 까지 만든 다음 화살표 방향으로 점선을 따 라 접는다.

첫 피코(안)

02 화살표 방향으로 링 부분을 뒤집는다.

03

첫 피코의 겉쪽에서 화살표 방향으로 셔틀의 뿔을 넣는다.

04

셔틀의 뿔로 피코 밑에 있는 실(왼손에 걸린 실)을 꺼낸다.

05

꺼낸 실의 고리를 크게 늘리고 셔틀을 그 속으로 통과시킨다.

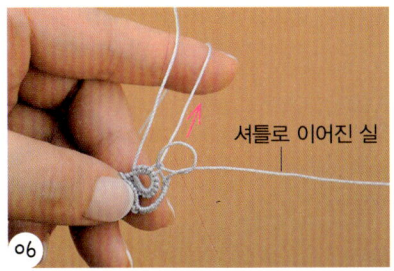

06

왼손에 걸린 실을 당겨 고리를 조인다.

07

고리가 조여졌다.

08

계속해서 4코를 만든다(네 번째 링의 마지막 4코).

09

접은 것을 원래대로 편다.

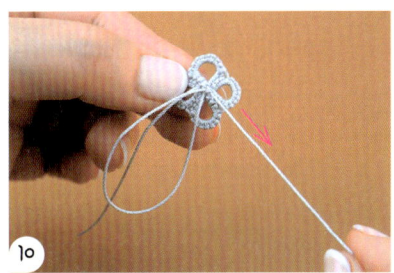

10

셔틀의 실을 당겨 네 번째 링을 조인다.

11

첫 번째와 마지막 링이 연결되었다.

● 플로팅 링(floating ring) 만들기

체인의 둥근 부분 위쪽에 링을 만드는 방법이다. 셔틀을 2개 사용한다. 체인과 링 모두 겉면이 나온다.

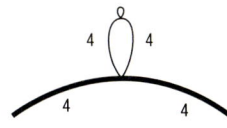

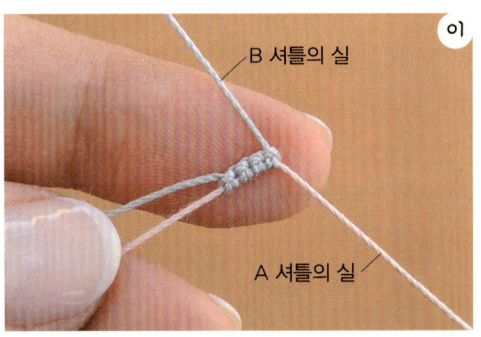

01

B 셔틀의 실을 왼손에 걸고 A 셔틀로 4코의 체인을 만든다. A 실이 심지, B 실이 매듭이 된다.

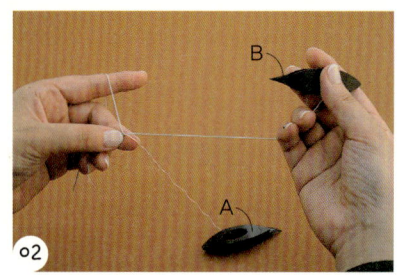

A 실은 그대로 두고, 링을 만드는 방법으로 B 실을 왼손에 다시 건다.

B 셔틀로 '4코, 피코, 4코'의 링을 만든다.

A 셔틀로 4코의 체인을 만든다. 체인 위에 링이 생겼다.

● 체인의 양쪽에 링 만들기

체인의 위아래에 각각 링을 만드는 방법이다. 셔틀을 2개 사용한다.

체인의 위쪽 링 ⟶
체인 ⟶
체인의 아래쪽 링 ⟶

5 3 3 5
4 4

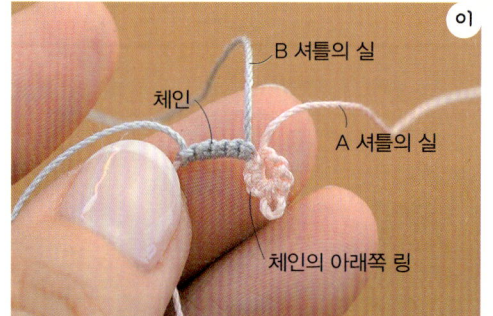

B 셔틀의 실
체인
A 셔틀의 실
체인의 아래쪽 링

B 셔틀의 실을 왼손에 걸고 A 셔틀로 5코의 체인을 만든다. 리버스 워크를 하여 A 셔틀로 체인의 아래쪽 링(4코, 피코, 4코)을 만들고 한 번 더 리버스 워크를 한다.

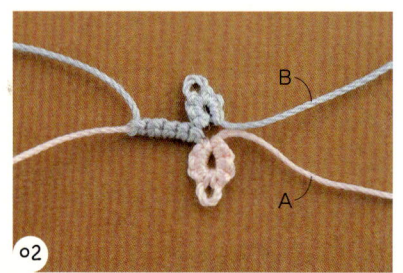

B
A

B 셔틀로 체인의 위쪽 링(3코, 피코, 3코)을 만든다.

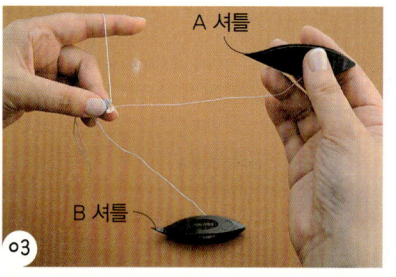

A 셔틀
B 셔틀

B 셔틀의 실을 왼손에 건 후 오른손으로 A 셔틀을 잡고 체인 5코를 계속 만든다.

체인의 위쪽 링
체인의 아래쪽 링

체인의 양쪽에 링이 생겼다.

◎ 목피코 만들기

피코는 아니지만 피코처럼 보이게 하는 방법이다. 실을 끊지 않고 계속해서 다음 단계로 진행할 수 있다.

o1 실 묶음에 연결된 상태로 만들기 시작한다.

o2 첫 번째 단의 링을 목피코 직전까지 만든다.

o3 링을 뒤집어 왼손으로 잡는다.

o4 마지막 매듭에서 약간 떨어진 위치에 첫 땀을 만든다.

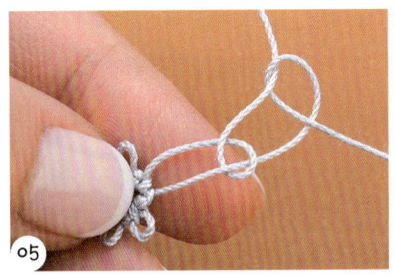

o5 계속해서 둘째 땀을 만든다. 이때 코를 옮기지 않고 왼손의 실에 셔틀의 실이 감겨 있는 상태 그대로 둔다.

o6 다른 피코와 같은 높이로 코를 조인다. 목피코가 완성되었다.

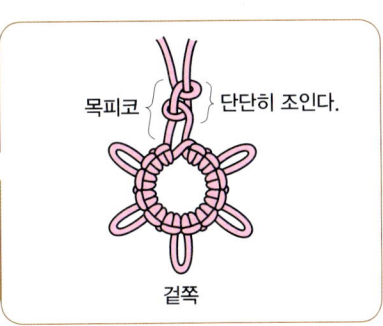

락조인하기

체인을 앞 단의 피코에 연결하는 방법이다.

01 첫 번째 단의 피코에 셔틀의 뿔을 넣고 화살표 방향으로 셔틀의 실을 빼낸다.

02 빼낸 실을 당겨 고리를 크게 늘린다.

03 고리 속에 셔틀을 통과시킨다.

04 실을 당겨 고리를 조인다.

05 첫 번째 단의 피코와 두 번째 단의 체인이 연결되었다.

다음 단으로 옮기기

첫 번째 단을 만들고 셔틀의 실을 일단 자른 후 다음 단을 만드는 방법이다.
작업 도중 앞 단에 연결하면서 만들어 간다.

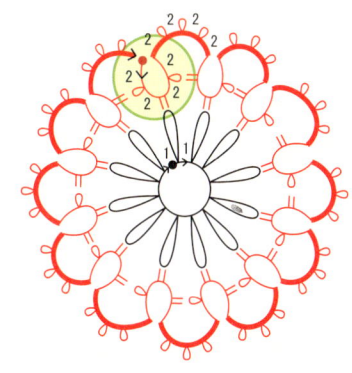

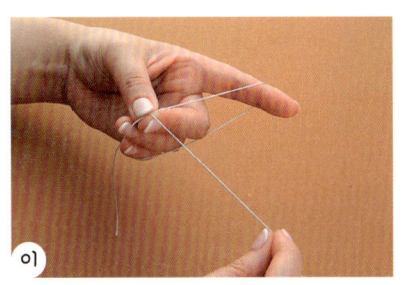

01

링을 만드는 방법으로 왼손에 셔틀의 실을
걸고 두 번째 단을 만들기 시작한다.

02

'2코, 짧은 피코, 2코'를 만든다.

03

첫 번째 단의 링이 왼손에 건 실 위에 겹치
도록 잡고 '링과 링 연결하기'(P.21)를 참조
하여 첫 번째 단과 연결한다.

04

첫 번째 단과 연결되었다.

05

계속해서 '2코, 짧은 피코, 2코'를 만든다.

06

실을 조이면 두 번째 단의 첫 번째 링이 완
성된다.

긴 피코 만들기

긴 피코를 만들 때는 길이가 들쑥날쑥해지기 쉽기 때문에
게이지를 이용하여 길이를 맞추는 것이 바람직하다.
원하는 피코 높이와 같은 폭으로 두꺼운 종이 등을 잘라 게이지를 만든다.

첫 번째 코를 만든다.

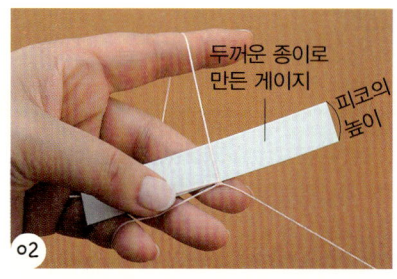

피코의 높이와 같은 폭의 게이지를 왼손으
로 잡고 검지에 건 실을 앞에 둔다.(사진 속
게이지는 독자에게 잘 보이도록 큼직하게
만든 것이므로 각자 적당한 크기로 만든다.)

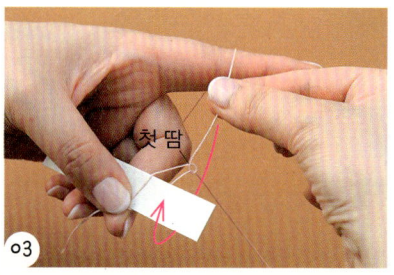

첫 땀을 만들고 왼손에 걸려 있는 실을 화살
표 방향으로 돌려 게이지 앞으로 가져온다.

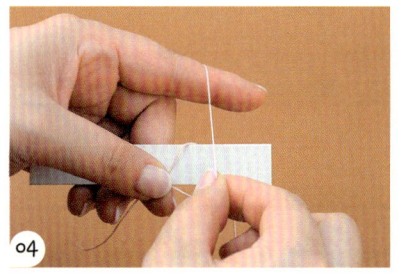

이때 첫 땀의 매듭이 게이지의 아래쪽 끝에
오도록 오른손으로 잡고 있는 실을 당긴다.

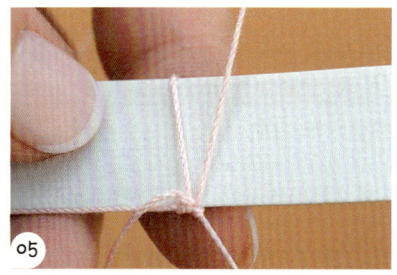

피코가 1개 완성되었다. 첫 땀이 게이지의
아래쪽 끝에 와 있다.

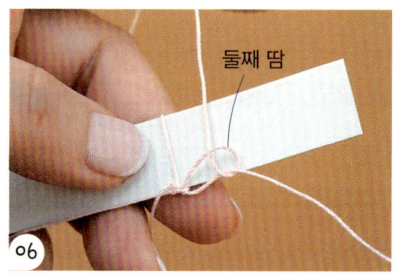

둘째 땀을 만든다.

1코 만들었다.

이와 같이 반복하면 일정한 높이의 피코가
완성된다. 첫 번째 단을 다 만든 후에는 게
이지를 피코에서 빼낸다.

✿ 조세핀 노트(Josephine knot) 만들기

조세핀 노트는 더블 스티치의 첫 땀만(혹은 둘째 땀만)을 반복하여 만든다.
보통 피코보다 볼륨감이 있다.

조세핀 노트

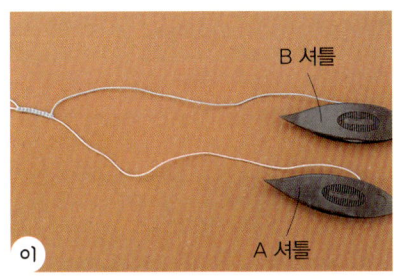

B 셔틀의 실을 왼손에 걸고 A 셔틀로 체인을 만든다.

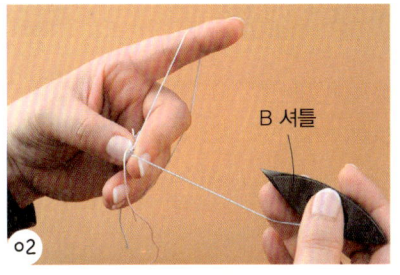

오른손으로 B 셔틀을 잡고 링을 만드는 방법으로 왼손에 실을 건다.(A 셔틀은 그대로 둔다.)

첫 땀을 만든다.

첫 땀만 총 10코를 만들고 심지 실을 당겨 조인다.

조세핀 노트가 완성되었다.

계속해서 도안대로 만든다.

👉 **POINT** 작품을 만들다 보면 실이 점점 꼬이는 경우가 있다. 특히 조세핀 노트는 첫 땀만 만들기 때문에 잘 꼬인다. 오른쪽 사진과 같이 실을 잡고 셔틀을 회전시키면 꼬인 것을 풀 수 있다. 꼬인 상태 그대로 두면 실을 당길 때 매듭이 생겨 실이 끊어지는 등 작업을 진행하기 어려워진다.

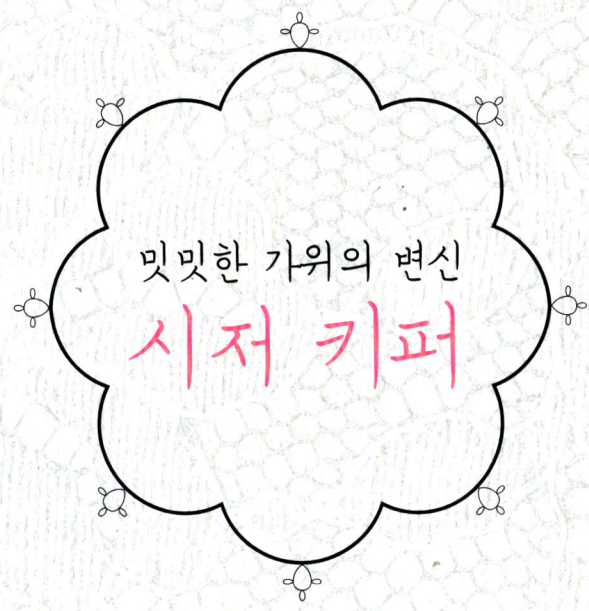

밋밋한 가위의 변신
시저 키퍼

작은 플라워 모티브의 시저 키퍼입니다.
같은 실로 태슬도 달아 꾸며 봅니다.
스트랩 또는 목걸이나 팔찌 등에 달아도 예쁠 거예요.

● 실
면 레이스실 #40
1 화이트(1), 2 와인레드(16)
● 기타 재료
천(리넨) 5×5cm
25번 자수 실(1 화이트, 2 와인레드)
수예솜
● 도구
태팅 셔틀 2개
● 완성 수치
세로 약 16cm, 가로 약 5cm
● 만드는 법
1. 모티브를 만든다.
2. 태슬, 끈을 만든다.
3. 시저 키퍼를 완성한 후 모티브와 태슬을 붙인다.

모티브 만들기

01 A, B 셔틀로 스플릿 링을 1개 만든다. 도중에 피코를 2개 만든다.
02 A 셔틀로 '2코, 피코에 연결하기, 4코, 피코, 3코, 피코, 4코, 2코'의 링을 2개 만든다.
03 도안을 보면서 반복한다.

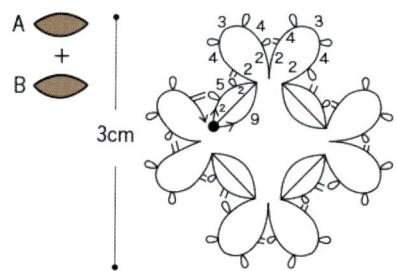

기법 따라 하기

🧵 '스플릿 링' 만들기

 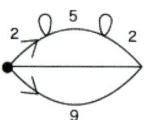

 2개의 셔틀로 링의 절반씩을 만든다. 여기서는 알기 쉽게 2가지 색의 실을 사용하여 설명한다.

Tatting lace

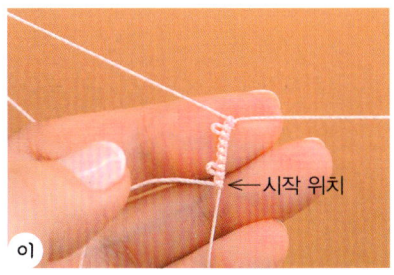

01

링을 만드는 방식으로 왼손에 A 셔틀의 실을 건다. A 셔틀로 '2코, 피코, 5코, 피코, 2코'를 만든다.

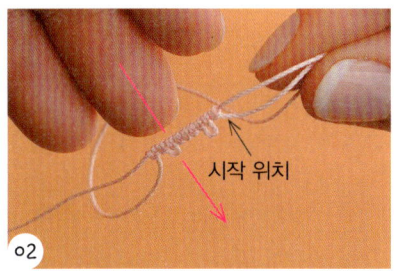

02

왼손에 걸려 있는 실의 고리를 빼고 방향을 반대로 바꿔 다시 왼손에 건다.

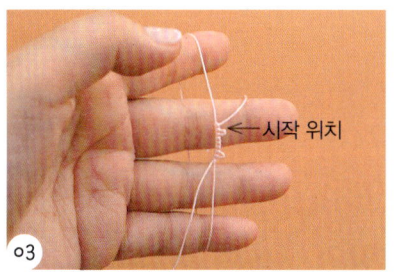

03

실을 다시 걸었다. 시작한 곳이 위로 와 있다.

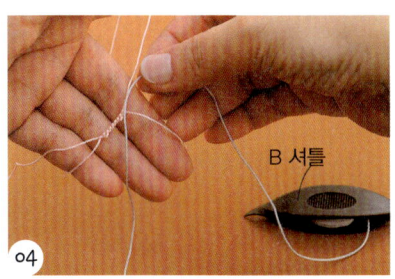

04

A 셔틀을 놓아 두고 B 셔틀의 실을 사진과 같이 덧댄다.

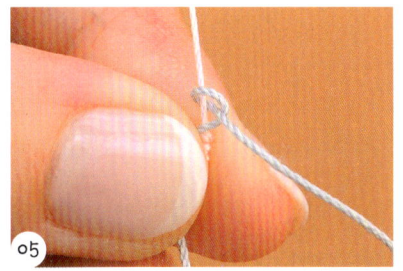

05

B 셔틀로 둘째 땀을 만든다. 이때 코를 옮기지 않고 B 셔틀의 실이 A 셔틀의 실에 감긴 상태가 되게 한다.

06

계속해서 첫 땀을 만드는데, 코를 옮기지 않고 셔틀의 실이 심지 실에 감긴 상태가 되게 한다. 05+06이 1코가 된다.

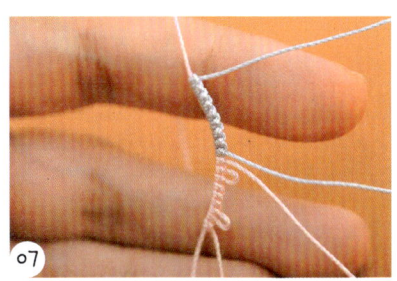

07

05, 06을 반복하여 전부 9코를 만든다.

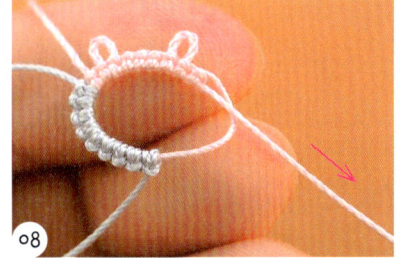

08

왼손에 걸려 있는 실의 고리를 빼고 원래 상태로 되돌린 후 링의 고리를 조여 링을 만든다.

09

스플릿 링이 완성되었다.

부수 소품 만들기

실 꼬아 끈 만들기

01 30cm 길이의 실 4가닥을 만든 후 끝을 모아 묶는다.

02 끝을 책상 등에 셀로판테이프로 붙여 고정하고 2가닥씩 오른쪽 방향으로 꼰다.

03 2가닥과 2가닥을 모아 왼쪽 방향으로 꼰다.

04 꼰 부분이 16cm가 되면 묶는다. 양 끝을 1cm씩만 남기고 자른다.

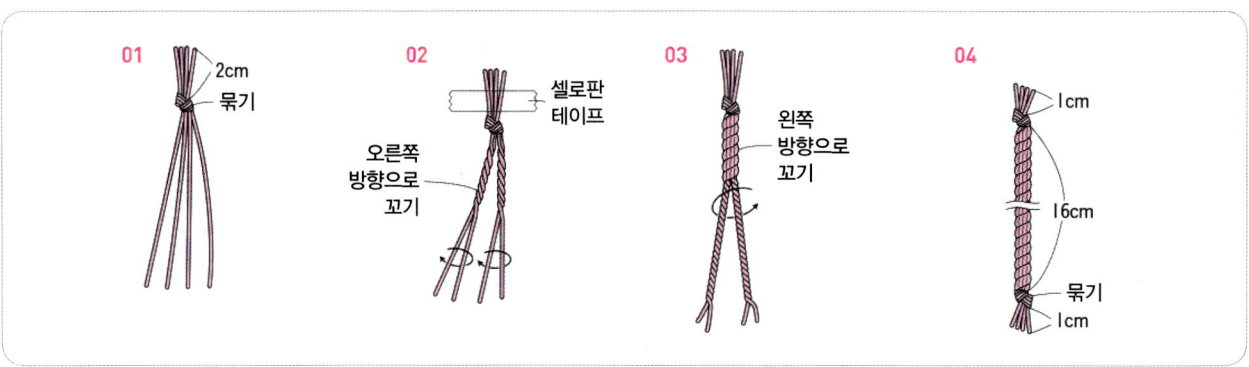

시저 키퍼 만들기

01 천을 재단한다.

02 1매에만 스티치를 한다.

03 천 2매를 겹쳐 끈을 끼운 다음 주변을 꿰맨다.

04 겉으로 뒤집고 속에 수예솜을 넣은 다음 뒤집는 구멍을 감친다.

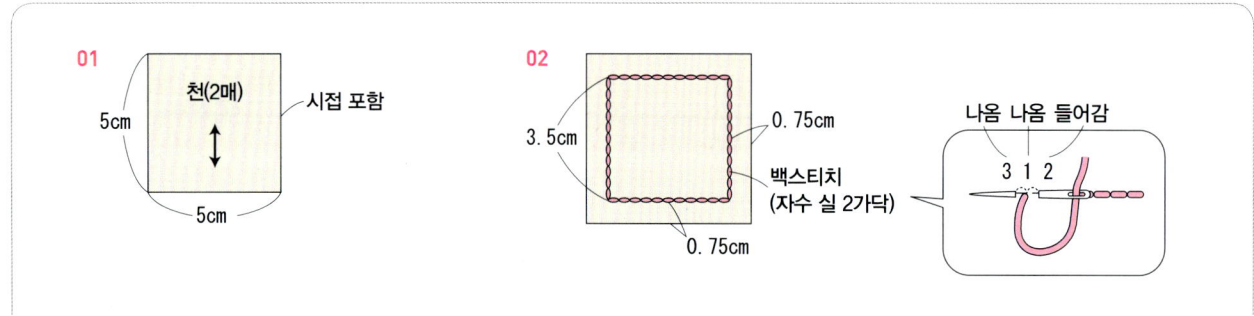

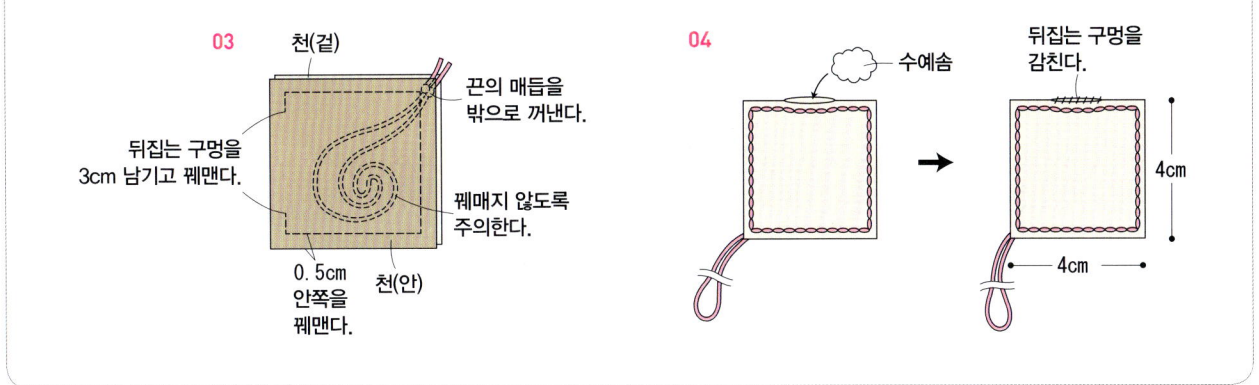

03 천(겉) / 끈의 매듭을 밖으로 꺼낸다. / 뒤집는 구멍을 3cm 남기고 꿰맨다. / 꿰매지 않도록 주의한다. / 0.5cm 안쪽을 꿰맨다. / 천(안)

04 수예솜 / 뒤집는 구멍을 감친다. / 4cm / 4cm

마무리하기

2

01 / **03** / **02** / **04** / 0.5cm / 3.5cm / 실 22번 감기

01 실을 꼬아 끈을 만든다.

02 시저 키퍼를 만든다.

03 본드를 칠해 시저 키퍼에 모티브를 붙이고 땀이 보이지 않게 꿰맨다.

04 태슬을 만든 후 시저 키퍼에 꿰매어 붙인다. 1도 동일하게 만든다.

↦ 태슬 만들기 ↤

❶ 두꺼운 종이에 실을 지정 횟수만큼 감고 화살표 방향으로 실을 통과시켜 단단히 묶는다.

❷ 다섯 번 감아 묶는다. 고리를 자른다.

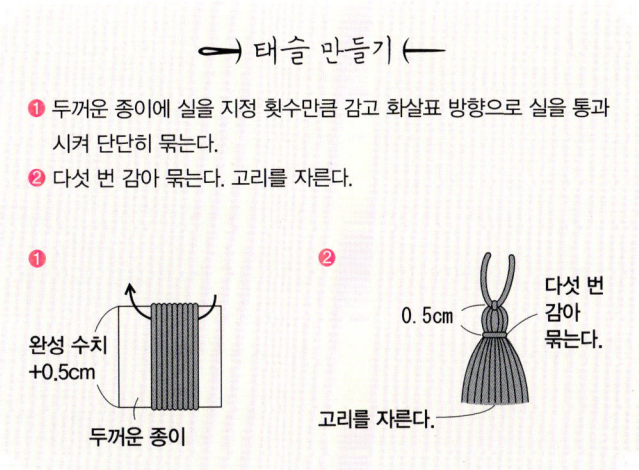

❶ 완성 수치 +0.5cm / 두꺼운 종이

❷ 0.5cm / 다섯 번 감아 묶는다. / 고리를 자른다.

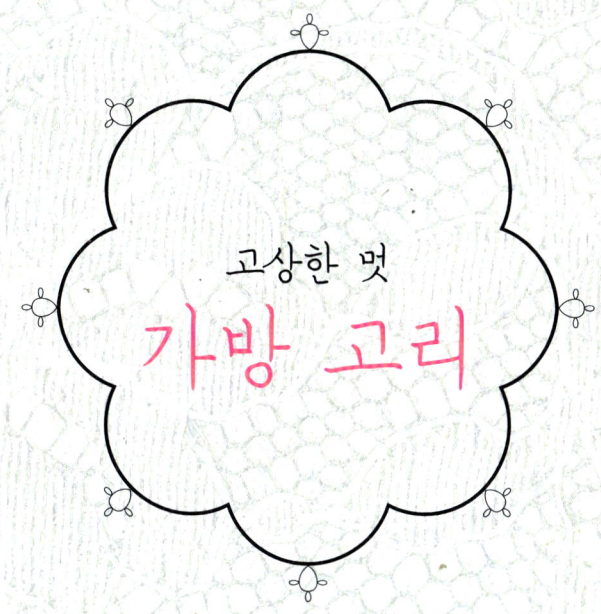

고상한 멋

가방 고리

크로스 모티브를 가죽에 붙여 가방 고리로 사용합니다.
왼쪽 윗부분만 고정해 놓아 자유롭게 흔들거리는 것이 포인트.

● 실
면 레이스실 #40
3 브라운(17), 4 아이보리(3)

● 기타 재료
가죽(3 흰색, 4 암갈색) 3.7×4.7cm
가방 고리용 체인 1쌍
금속 장식품(꽃잎 4개 · 8mm) 1개
C링(0.8×4.5×6mm) 1개
O링(1×5mm) 1개

● 도구
태팅 셔틀 2개

● 완성 수치
길이 약 11.5cm

● 만드는 법
1. 모티브를 만든다.
2. 가죽, 모티브에 부속품을 단다.

모티브 만들기

{ 첫 번째 단 }
01 A 셔틀로 6코의 체인을 만든다.
02 '3코, 피코, 3코, 피코, 3코'의 링을 1개 만든다.
03 '6코, 피코, 7코, 피코, 7코'의 체인을 만든다.
04 02와 같이 만든다.
05 '7코, 피코에 연결하기, 7코, 피코에 연결하기, 6코'의 체인을 만든다.
06 02와 같이 만든다.
07 '6코, 피코에 연결하기, 6코'의 체인을 만든다.
08 02와 같이 만든다.
09 6코의 체인을 만든다.

{ 두 번째 단 }
01 A 셔틀로 '3코, 피코, 3코, 피코, 2코'의 링을 1개 만든다.
02 '2코, 피코에 연결하기, 2코, 「피코, 2코」×4번'의 링을 1개 만든다.
03 '2코, 피코에 연결하기, 3코, 피코, 3코'의 링을 1개 만든다.
04 5코의 체인을 만든다.
05 B 셔틀로 '8코, 첫 번째 단의 피코에 연결하기, 1코'의 링을 만든다.
06 A 셔틀로 05의 링 반대쪽에 '3코, 피코에 연결하기, 7코'의 링을 1개 만든다.
07 B 셔틀로 8코의 체인을 만든다.
08 도안을 보면서 반복한다.
※ 05와 06의 링 중에서 어떤 것을 먼저 만들어도 상관없다.

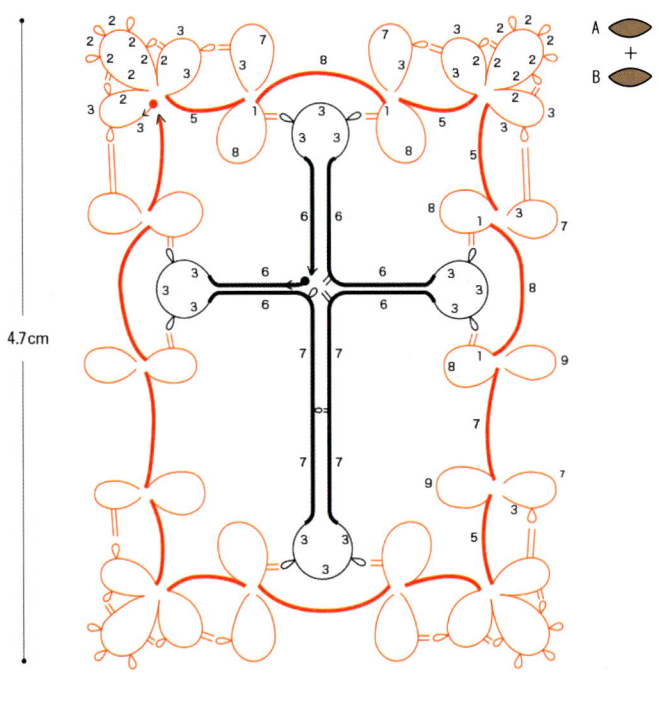

4.7cm

3.9cm

Tatting lace

마무리하기

3

가방 고리용 체인

금속 장식품

O링

01

02

C링

모티브

가죽

01 가죽의 왼쪽 상단에 송곳으로 구멍을 뚫는다.

02 모티브와 가죽에 C링을 걸어 연결한다. 4도 동일하게 만든다.

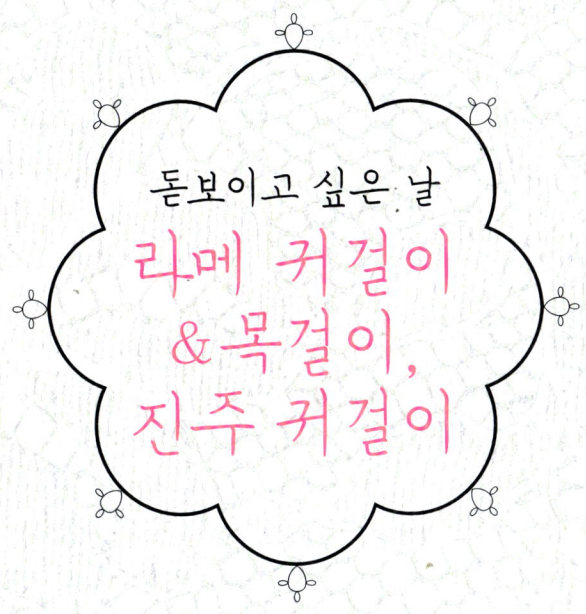

돋보이고 싶은 날
라메 귀걸이
&목걸이,
진주 귀걸이

라메 실로 입체적인 플라워 디자인의 존재감 있는 액세서리를 만들어 봅니다.

깃털 같은 모티브가 흔들거리는 귀걸이는 담수진주 비즈가 포인트.

라메 실과 진주는 찰떡궁합입니다.

- ● 실
라메 레이스실 #30
5 화이트(4), 6 골드(1), 7 블랙(3), 8 실버(2), 9 블랙(3)
- ● 기타 재료
5·6   귀걸이 금속(U자) 1쌍
라운드 플레이트(구멍 1개 · 약 8mm) 2개
O링(0.6×3mm) 4개
7   체인(목걸이용) 40cm
라운드 플레이트(구멍 1개 · 약 8mm) 1개
O링(0.6×3mm) 1개
8·9   귀걸이 금속(U자) 1쌍
O링(0.6×3mm) 2개
C링(0.55×3.5×2.5mm) 2개
T핀(0.5×20mm) 4개
담수진주 비즈 大(약 4×6mm · 화이트) 2개
담수진주 비즈 小(약 3×5mm · 화이트) 2개
- ● 도구
태팅 셔틀 1개
- ● 완성 수치
5·6·7 세로 2.5cm, 가로 1.8cm(모티브 부분)
8·9 세로 1.8cm, 가로 2cm(모티브 부분)
- ● 만드는 법
1. 모티브를 만든다.
2. 모티브에 금속을 붙인다.

모티브 만들기

5·6·7

큰 모티브(5·6은 2개, 7은 1개)

01 첫 땀 5코, 둘째 땀 5코를 반복하여(빅토리안 세트) 전체 50코의 링을 1개 만든다.
02 도안을 참고하여 코 수를 바꿔 가며 동일한 방식으로 빅토리안 세트의 링을 4개 만든다.

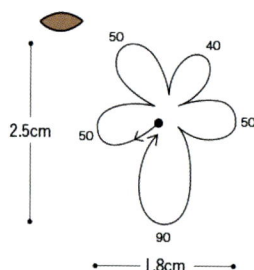

작은 모티브(5 · 6은 2개, 7은 1개)

큰 모티브와 마찬가지로 도안을 참고하여 코 수를 바꿔 가며 빅토리안 세트의 링을 6개 만든다.

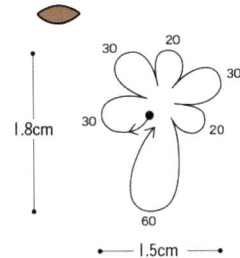

8 · 9

모티브(2개)

첫 땀 5코, 둘째 땀 5코를 반복하여(빅토리안 세트) 전체 60코의 링을 2개 만든다.

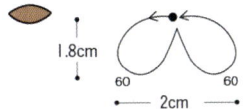

※ 모티브는 모두 빅토리안 세트로 만든다.
※ 도안의 숫자는 첫 땀과 둘째 땀의 합계이다.

기법 따라 하기

▌'빅토리안 세트' 만들기

01
첫 땀을 5코 만든다.

02
계속해서 둘째 땀을 5코 만든다.

03
01, 02를 반복한다.

✎ 모티브 겹치는 방법

01

큰 모티브의 실 끝은 넉넉하게 남기고 작은 모티브의 실 끝은 매듭짓는다. 남겨 둔 실 끝을 십자수 바늘에 꿴다.

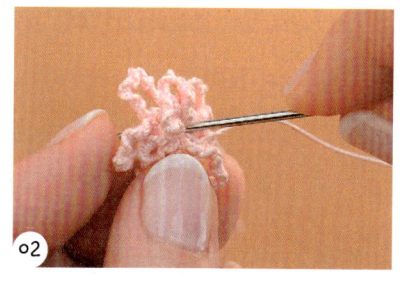

02

큰 모티브 위에 작은 모티브를 겹치고 앞쪽 중앙에서 바늘을 넣어 뒤쪽으로 뺀다.

03

큰 모티브와 작은 모티브에 바늘을 2~3번 통과시킨 후 뒤쪽에서 매듭짓고 마무리한다.

마무리하기

5

앞   뒤

귀걸이 금속

오링

라운드 플레이트

본드를 사용하여 모티브를 라운드 플레이트에 붙인다. 6도 동일하게 만든다.

7

체인

오링

모티브

라운드 플레이트

본드를 사용하여 모티브를 라운드 플레이트에 붙인다.

Tatting lace

8

담수진주
비즈 大

귀걸이
금속

O링

01

담수진주
비즈 小

02

C링

모티브

01 C링에 a 부분을 2개 단다.
02 C링을 모티브에 건다. 9도 동일하게 만든다.

a 부분

T핀

담수진주 비즈

→| T핀 사용법 |←

T핀에 비즈를 꿴 다음 끝 부분을 구부린다.

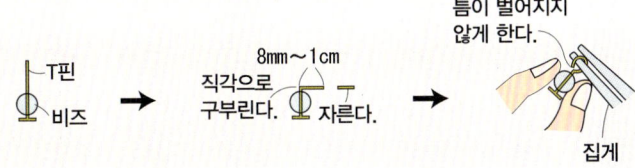

T핀

비즈

8mm~1cm
직각으로
구부린다.

자른다.

틈이 벌어지지
않게 한다.

집게

→| O링 · C링 사용법 |←

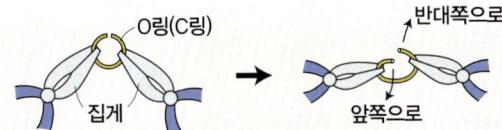

O링(C링)

집게

집게로 O링의 이음매를
위쪽으로 향하게 잡는다.

반대쪽으로

앞쪽으로

왼손은 앞쪽으로, 오른손은 반대쪽으로 회전하듯이 이음매를 벌린
다. 벌어진 이음매에 부속을 끼우고 다시 반대로 회전하여 이음매를
오므린다.

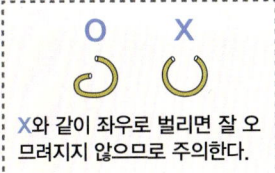

O   X

X와 같이 좌우로 벌리면 잘 오
므려지지 않으므로 주의한다.

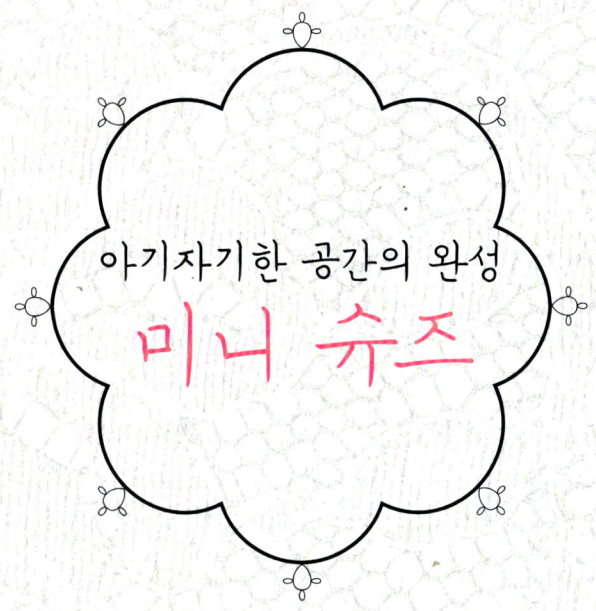

아기자기한 공간의 완성

미니 슈즈

섬세하게 만든 레이스 슈즈는 탄성이 나올 만큼 사랑스러워요.
취향에 따라 체인 등을 달아 휴대하기에도 안성맞춤.
미니 슈즈를 끈으로 연결하면 아기자기한 소품이 완성된답니다.
가방 손잡이에 묶어 장식하거나 발레 슈즈 느낌으로 벽에 매달아도 좋아요.

10   11

12

13

● 실
면 레이스실 #30
10 블루(7), 11 와인레드(8)
면 레이스실 #40
12 라벤더(13), 13 오프화이트(2)

● 기타 재료
10·11 플라스틱 장식품(접착용 플라워 · 약 8mm · 화이트) 2개
12·13 리넨 실(극세 · 베이지)
면 레이스실 #30
12 화이트(1), 13 브라운(10) ※ 리본 부분에 사용한다.

● 도구
태팅 셔틀 2개
코바늘(리넨 실의 두께에 맞는 것)

● 완성 수치
10·11 3.8cm×2cm(바닥)
12·13 3.2cm×1.7cm(바닥)

● 만드는 법
1. 모티브를 만든다.
2. 10·11은 본드로 플라스틱 장식품을 발등에 붙인다.
  12·13 발등에 실을 꿰어 리본을 묶고 리넨 실로 만든 끈을 뒤꿈치에 연결한다.

발등

바닥·옆면

이미지의 갈색 부분이 바닥·옆면, 흰색 부분이 발등이다. 바닥·옆면을 먼저 만든 후 발등을 만든다.

Tatting lace

모티브 만들기

바닥&옆면(2개)

{ 첫 번째 단(바닥) }

01 '6코, 피코, 6코'의 링을 1개 만든다.

02 '3코, 피코, 3코'의 체인을 만든다.

03 도안을 보면서 체인과 링을 반복하여 만든다.

{ 두 번째 단(옆면) }

01 '3코, 피코, 3코, 피코에 연결하기, 3코, 피코, 3코'의 링을 1개 만든다.

02 '3코, 피코, 3코'의 체인을 만든다.

03 도안을 보면서 링과 체인을 반복하여 만든 후 1단에 연결한다.

   ★8 앞의 링까지 만든다.

04 '3코, 피코, 2코, 긴 피코, 1코'의 체인을 만든다.

05 '3코, 피코에 연결하기, 3코, 피코에 연결하기, 3코, 피코, 3코'의 링을 1개 만든다.

06 '3코, 앞의 긴 피코에 연결해서 더블 피코 만들기, 1코, 긴 피코, 2코'의 체인을 만든다.

07 도안을 보면서 링과 체인을 반복하여 만든다.

※ 긴 피코는 1.0cm / 0.8cm 높이가 되도록 만든다.

   (1.0cm는 10·11 신발 기준, 0.8cm는 12·13 신발 기준)

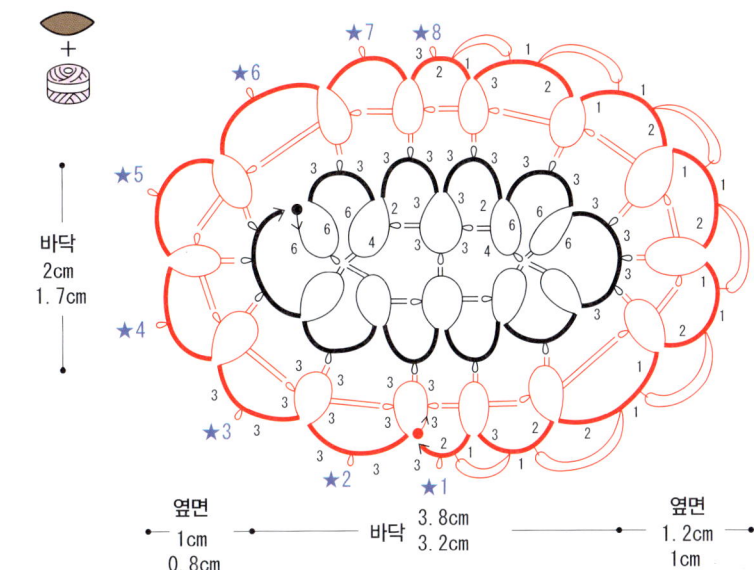

바닥
2cm
1.7cm

옆면
1cm
0.8cm

바닥 3.8cm
3.2cm

옆면
1.2cm
1cm

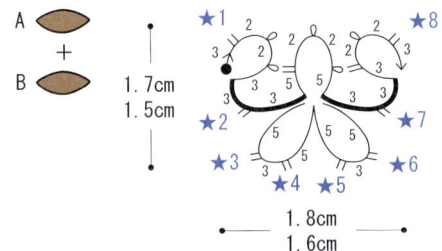

A
+
B

1.7cm
1.5cm

1.8cm
1.6cm

발등(2장)

01 A 셔틀로 '3코, 옆면의 피코에 연결하기, 2코, 피코, 2코, 피코, 3코'의 링을 1개 만든다.

02 '3코, 옆면의 피코에 연결하기, 3코'의 체인을 만든다.

03 '5코, 피코에 연결하기, 2코, 피코, 2코, 피코, 5코'의 링을 1개 만든다.

04 B 셔틀로 **03**의 링 반대쪽에 '5코, 옆면의 피코에 연결하기, 3코, 옆면의 피코에 연결하기, 5코'의 링을 2개 만든다.

05 A 셔틀로 '3코, 옆면의 피코에 연결하기, 3코'의 체인을 만든다.

06 '3코, 피코에 연결하기, 2코, 피코, 2코, 옆면의 피코에 연결하기, 3코'의 링을 1개 만든다.

※ **03**과 **04**의 링은 어느 쪽을 먼저 만들어도 상관없다.

기법 따라 하기

🧵 '더블 피코' 만들기

01

긴 피코를 만든다.

02

긴 피코에 연결해서 더블 피코를 만들기 전
까지 진행한다.

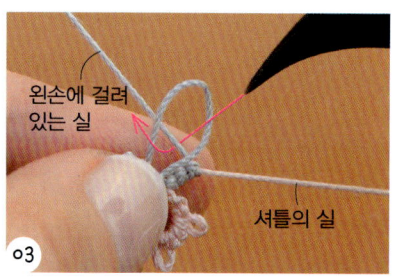

03

긴 피코를 왼손에 걸려 있는 실 위에 얹고
화살표와 같이 셔틀 뿔로 밑에 있는 실을
건다.

04

실을 피코에서 꺼낸 후 고리를 크게 늘려
그 속에 셔틀을 통과시킨다.

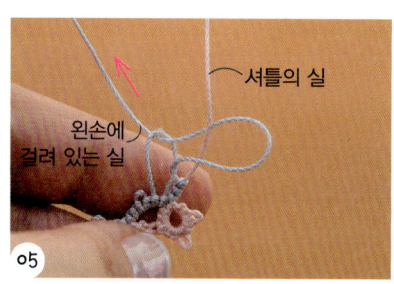

05

왼손에 걸려 있는 실을 당겨 고리를 조인다.

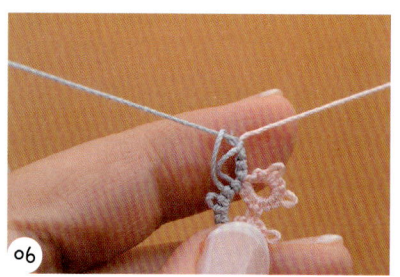

06

고리를 조였다.

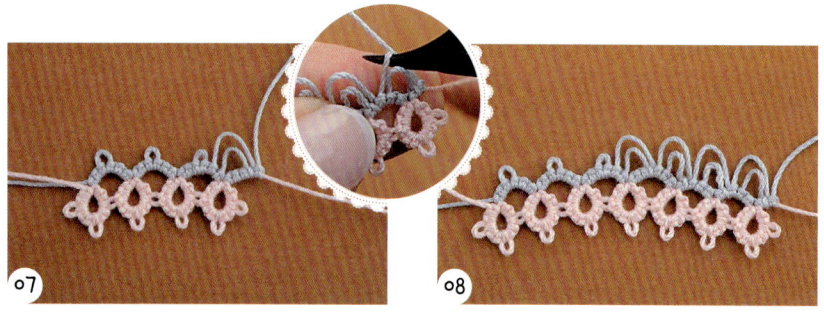

07

계속해서 다음 코를 만들고 셔틀의 뿔을 사
용하여 '더블 피코'의 모양을 잡아 준다.

08

사진을 보면서 반복한다.

Tatting lace

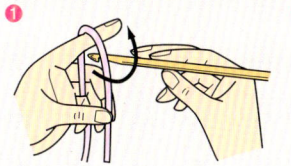

❶ 바늘을 화살표 방향으로 1회 돌려 실을 감는다.

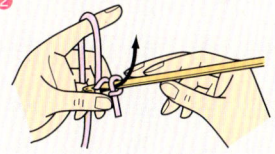

❷ 감긴 실의 아래쪽을 왼손으로 누르고 바늘 코에 실을 걸어 끌어낸다.

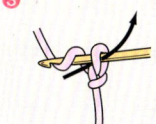

❸ 바늘에 실을 걸어 고리 속을 통과시킨다.

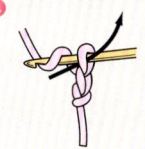

❹ 동일한 방법으로 반복한다.

마무리하기

11

플라스틱 장식품

모티브

본드를 사용하여 모티브에 플라스틱 장식품을 붙인다. 10도 동일하게 만든다.

01 리넨 실로 약 25cm 정도 사슬뜨기를 한 후 양 끝을 모티브의 발꿈치에 연결한다.

02 레이스실로 발등에 리본을 묶는다. 13도 동일하게 만든다.

12

01

02

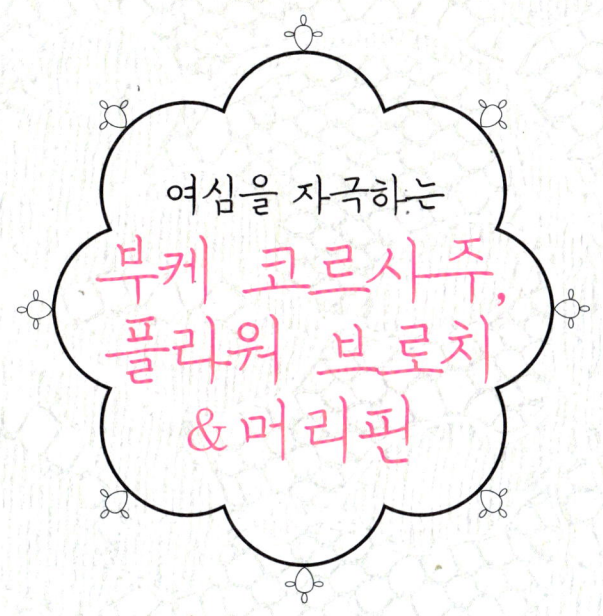

여심을 자극하는
부케 코르사주,
플라워 브로치
& 머리핀

꽃잎이 하늘하늘한 플라워 모티브를 다발로 묶으면 부케 코르사주가 완성됩니다.
중심에 꽃술을 달아 사실감을 더했어요.
자연스러운 디자인의 흰 꽃은 잎도 태팅레이스로 만듭니다.
그 옆의 꽃은 4가지 색의 꽃을 풍성하게 묶어 사랑스러워요.
브로치는 리본과 새틴 플라워로 화려하게 장식합니다.
꽃잎 모티브 3장으로 만든 머리핀은 여러 개를 꽂아도 귀여워요.

● 실
면 레이스실 #40
14 오프화이트(2), 라벤더(13), 퍼플(14), 와인레드(16)
15 오프화이트(2), 라벤더(13), 퍼플(14)
16 화이트(1)

● 기타 재료
14 브로치 핀(20mm) 1개
   꽃술(화이트) 24개
   극세 팬시 실(카키) 20cm
   레이스(7mm 폭·화이트) 20cm
   철사(#28) 120cm
   플라워 테이프(모스그린)
15 샤워 브로치(도넛·46mm) 1개
   리본 테이프(리넨·9mm 폭·베이지) 60cm
   벨벳 리본(4mm 폭·퍼플) 20cm
   새틴 플라워(직경 약 30mm·퍼플) 1개
   꽃술(화이트) 11개, 잎 장식품(35×20mm) 1개
16 머리핀 1개
   꽃받침(약 20mm) 1개
   담수진주 비즈(약 6mm·화이트) 1개

● 도구
태팅 셔틀 1개

● 완성 수치
14 세로 약 7.5cm, 가로 약 3.8cm
15 세로 약 5cm, 가로 약 6cm
16 모티브의 직경 약 2.5cm

● 만드는 법
1. 모티브를 필요한 만큼 만든다.
2. 각 부분을 연결한다.

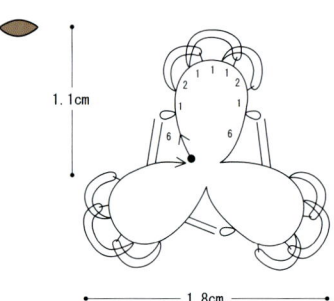

모티브 만들기

모티브 A (14 와인레드 8개·라벤더 2개·오프화이트 1개·퍼플 1개, 15 라벤더 3개·오프화이트 2개·퍼플 2개, 16 화이트 3개)

01 '6코, 피코, 1코, 긴 피코, 2코, 긴 피코, 1코, 첫 번째 긴 피코에 연결하기, 1코, 긴 피코, 1코, 두 번째 긴 피코에 연결하기, 2코, 세 번째 긴 피코에 연결하기, 1코, 피코, 6코'의 링을 만든다.
02 도안을 보면서 반복한다.
※ 긴 피코는 1.0cm 높이가 되도록 만든다.

1.1cm

1.8cm

Tatting lace

「1코, 피코」×6번, 1코'의 링을 1개 만든다.

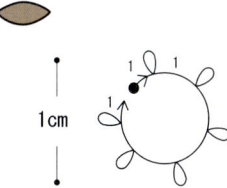

기법 따라 하기

🧵 '더블 피코' 교차시키기

01
두 번째 긴 피코까지 만든다.

02
두 번째 긴 피코를 앞쪽으로 치워 놓는다. 첫 번째 긴 피코를 왼손에 걸려 있는 실 위에 놓고 화살표와 같이 셔틀 뿔로 아래쪽 실을 건다.

03
실을 피코에서 꺼내며 고리를 크게 늘린 후 그 속에 셔틀을 통과시켜 더블 피코를 만든다(P.50 참조).

04
첫 번째 더블 피코가 완성된다.

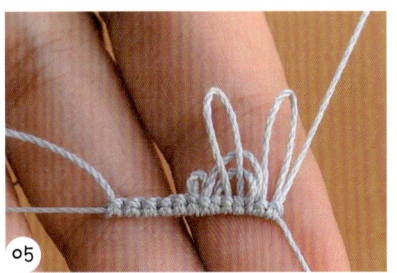

05
계속해서 세 번째 긴 피코를 만든다.

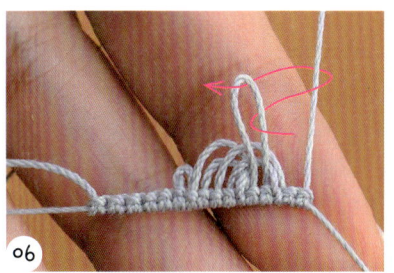

06
02~04의 과정을 반복해 두 번째, 세 번째 피코도 더블 피코로 만들어 준다.

07

계속해서 만든다.

08

심지 실을 당겨 링을 만든다. 링 위에 더블 피코가 교차되어 있다.

부수 소품 만들기

14

🧵 꽃술 · 줄기 만드는 방법

01 꽃술 2개의 중앙을 10cm의 철사로 묶고 꽃술을 반으로 접는다.

02 모티브 A · B의 중앙에 **01**을 넣는다.

03 플라워 테이프로 빈틈이 생기지 않도록 단단히 감는다.

04 완성되었다.

15

반으로 자른 꽃술 3개를 모티브 중앙에 넣고 뒤쪽을 본드로 고정한다.

마무리하기

14

01

04

앞

03

02

뒤

01 모티브에 꽃술을 붙이고 줄기를 만든다.

02 줄기를 다발로 만들어 플라워 테이프로 감는다.

03 브로치 핀도 플라워 테이프로 고정한다.

04 **02** 위에 레이스와 극세 팬시 실을 감고 리본으로 묶는다.

15

앞

뒤

01 브로치 받침에 리본 테이프를 감는다.

02 꽃술을 고정한 모티브를 균형 있게 꿰매어 단다.

03 브로치 받침을 뒤쪽에 부착한다.

04 잎 장식품을 본드로 붙인다.

05 새틴 플라워를 본드로 붙인다.

06 벨벳 리본을 묶은 후 본드로 붙인다.

16

앞

뒤

머리핀

01 모티브 3장을 함께 꿰맨 후 꽃받침에 꿰매어 단다.

02 모티브 중앙에 담수진주 비즈를 본드로 붙인다.

03 머리핀에 꽃받침을 본드로 붙인다.

● **실**
면 레이스실 #40 오프화이트(2)
비단 레이스실 #30 그린(5)

● **기타 재료**
꽃술(화이트) 5개
레이스(7mm 폭 · 베이지) 20cm
극세 팬시 실(카키) 20cm
플라워 테이프(모스그린)
철사(#28) 20cm
브로치 핀(20mm) 1개

● **도구**
태팅 셔틀 2개
레이스용 코바늘

● **완성 수치**
세로 8.5cm, 가로 4cm

● **만드는 법**
1. 모티브 A, B, C, D를 만든다.
2. 각 부분을 연결하여 코르사주를 만든다.

모티브 만들기

모티브 A(오프화이트)

{ 첫 번째 단 }
01 '1코, 긴 피코, 1코, 긴 피코, 1코, 피코'×4번, 1코, 긴 피코, 1코, 긴 피코, 1코'의 링을 1개 만든다.
02 목피코를 만든다.

{ 두 번째 단 }
01 5코의 체인을 만든다.
02 '7코, 피코, 7코'의 링을 1개 만든다.
03 '1코, 긴 피코, 3코, 긴 피코, 1코, 첫 번째 긴 피코에 연결하기, 2코, 긴 피코, 1코, 두 번째 긴 피코에 연결하기, 3코, 세 번째 긴 피코에 연결하기, 1코'의 체인을 만든다.
04 앞의 피코에 락조인한다.
05 5코의 체인을 만든다.
06 첫 번째 단의 피코에 락조인한다.
07 5코의 체인을 만든다.
08 '7코, 피코, 7코'의 링을 1개 만든다.
09 코바늘로 옆의 꽃잎에 연결한다(P.88 참조).
10 도안을 보면서 반복한다.

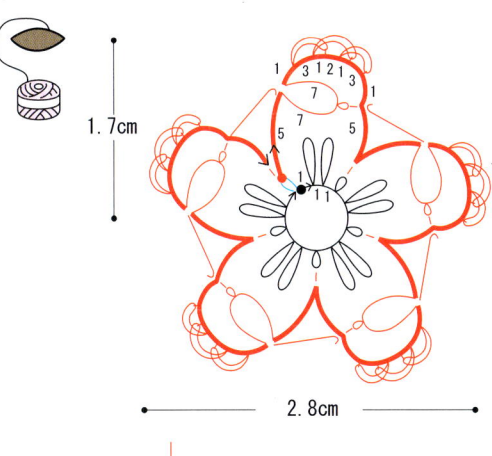

※ ⌐ =코바늘로 연결한다.
※ 긴 피코는 1.2cm 높이로 만든다.

모티브 B(오프화이트)

{ 첫 번째 단 }
01 「1코, 긴 피코, 1코, 긴 피코, 1코, 피코」×3번, 1코, 긴 피코, 1코, 긴 피코, 1코'의 링을
   1개 만든다.
02 목피코를 만든다.

{ 두 번째 단 }
모티브 A와 동일하게 만든다.

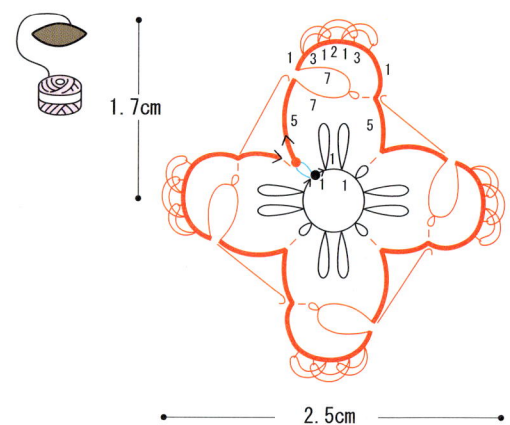

1.7cm

2.5cm

모티브 C(그린)

A

+

B

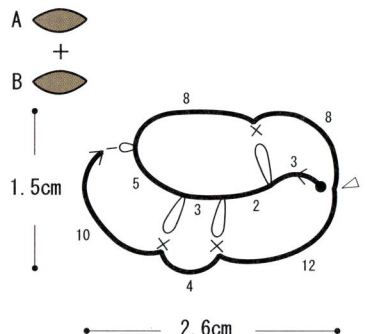

1.5cm

2.6cm

※ 긴 피코는 0.5cm 높이로 만든다.
※ ▷ =만들기 시작한 부분의 실 끝에 연결한다.
※ ✕ =피코를 2번 꼬고 나서 락조인한다.

모티브 D(그린)

A

+

B

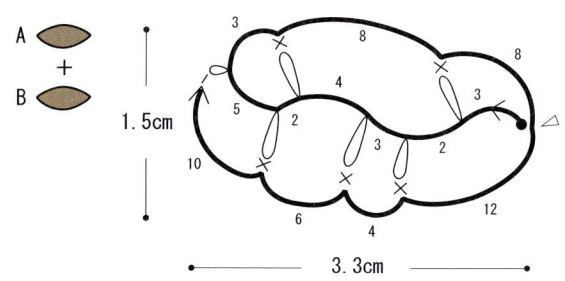

1.5cm

3.3cm

※ 모티브 D는 모티브 C와 같은 방법으로 만든다.
   체인의 곡선 방향이 변할 때 셔틀을 바꿔 들면서 만든다(리버스
   워크).

Tatting lace

기법 따라 하기

✦ 모티브 C 만드는 방법

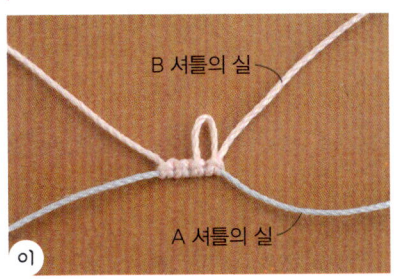

B 셔틀의 실을 왼손에 걸고 A 셔틀로 '3코, 긴 피코, 1코'의 체인을 만든다.

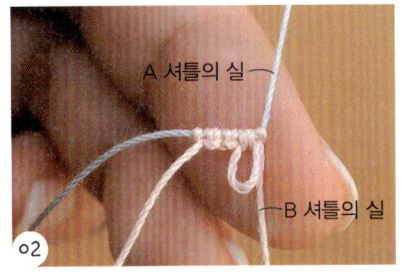

여기서 체인의 고리 방향이 달라지므로 리버스 워크를 하여 위아래를 반대로 한다.

A 셔틀의 실을 왼손에 걸고 B 셔틀로 '1코, 긴 피코, 3코, 긴 피코, 5코, 피코, 8코'의 체인을 만든다.

🧵 '긴 피코' 꼬기

셔틀을 놓고 레이스용 코바늘을 첫 번째 긴 피코에 화살표 방향으로 넣는다.

코바늘을 화살표와 같이 시계 방향으로 회전하여 피코를 꼰다.

한 번 더 꼰다.

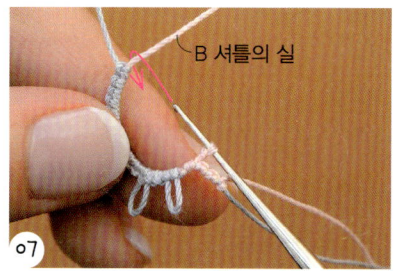

07 코바늘에 B 셔틀의 실을 건다.

08 코바늘에 건 실을 화살표 방향으로 피코에서 꺼낸다.

09 꺼낸 실의 고리를 크게 늘린다.

10 크게 늘린 고리 속에 B 셔틀을 통과시킨다.

11 B 셔틀을 당겨 고리를 조인다.

12 고리를 조인 상태이다. 긴 피코가 꼬여 있다.

13 계속해서 8코의 체인을 만들고 A, B 셔틀의 실을 각각 처음 시작한 부분의 실 끝에 묶는다.

14 모두 묶었다.

15 계속해서 B 셔틀로 12코의 체인을 만들고 04~12와 마찬가지로 두 번째 긴 피코를 두 번 꼬고 연결한다.

16 계속해서 4코의 체인을 만들고 04~12와 마찬가지로 세 번째 긴 피코를 두 번 꼬고 연결한다.

17 계속해서 10코의 체인을 만들고 남은 피코에 셔틀을 연결한다. 모티브 C가 완성되었다.

Tatting lace

17

모티브 A

모티브 B

01

꽃술 3개   꽃술 2개

모티브 A   모티브 B

05

앞

모티브 C

모티브 D

04

02

03

뒤

01 모티브 A · B에 꽃술을 달고 줄기를 만든다(P.56 참조).

02 줄기 2개를 플라워 테이프로 함께 감는다.

03 브로치 핀도 플라워 테이프로 고정한다.

04 줄기에 모티브 C · D를 본드로 붙인다.

05 02 위에 레이스와 극세 팬시 실을 감고 리본을 묶는다.

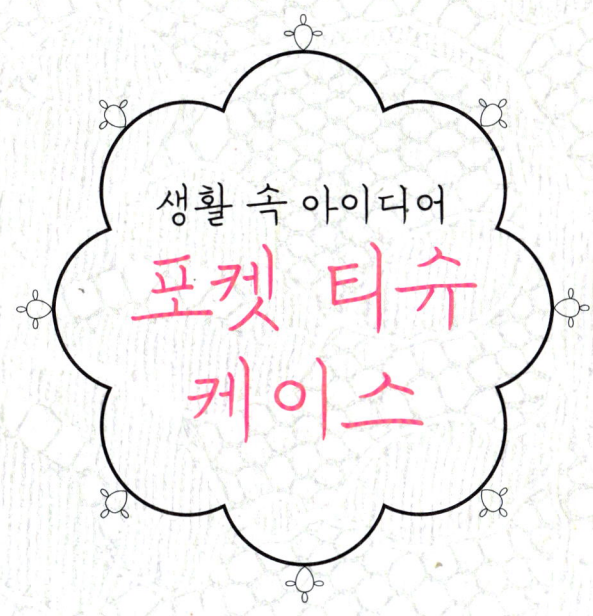

생활 속 아이디어

포켓 티슈
케이스

입구를 레이스로 장식한 포켓 티슈 케이스.
짧은 브레이드이므로 부담 없이 도전할 수 있어요.
케이스는 시중에서 구입한 것을 사용해도 됩니다.

● **실**
면 레이스실 #40
18 오프화이트(2), 19 블랙(18)
● **기타 재료**
천(리넨) 15×25cm
● **도구**
태팅 셔틀 2개
레이스용 코바늘
● **완성 수치**
세로 9cm, 가로 13cm
● **만드는 법**
1. 모티브를 만든다.
2. 티슈 케이스를 만든다.
3. 티슈 케이스에 모티브를 단다.

모티브 만들기

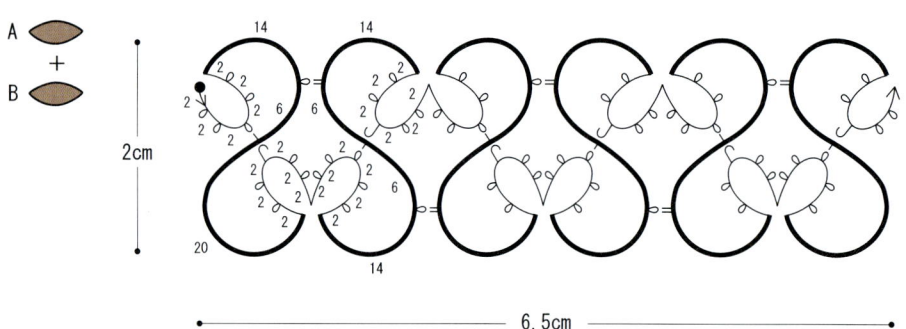

01 A 셔틀로 '2코, 피코'×5번, 2코'의 링을 1개 만든다.
02 '14코, 피코, 6코'의 체인을 만든다.
03 앞 피코에 락조인한다.
04 B 셔틀로 20코의 체인을 만든다.
05 '2코, 피코, 2코, 피코, 2코, 앞 체인에 코바늘로 연결하기, 2코, 피코, 2코, 피코, 2코'의 링을 1개, '2코, 피코'×5번, 2코'의 링을 1개 만든다.
06 '14코, 피코, 6코'의 체인을 만든다.
07 앞 피코에 락조인한다.
08 A 셔틀로 '6코, 피코에 연결하기, 14코'의 체인을 만든다.
09 '2코, 피코, 2코, 피코, 2코, 앞 체인에 코바늘로 연결하기, 2코, 피코, 2코, 피코, 2코'의 링을 1개 만든다.
10 도안을 보면서 반복한다.

Tatting lace

기법 따라 하기

코바늘로 연결하기

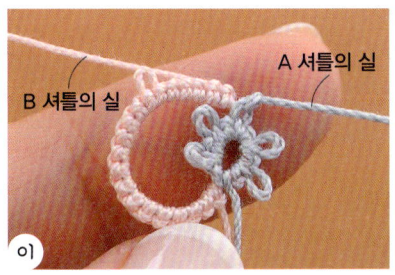

B 셔틀의 실 / A 셔틀의 실

01

01~03까지의 과정을 만든 상태이다.

02

리버스 워크를 하고 A 셔틀의 실을 왼손에 다시 건다.

03

B 셔틀로 20코의 체인을 만든 후 링을 만드는 방법으로 B 셔틀의 실을 왼손에 다시 건다. B 셔틀로 '2코, 피코, 2코, 피코, 2코'의 링을 만든 후 체인 사이에 화살표 방향으로 코바늘을 넣는다.

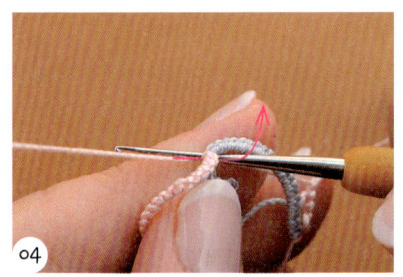

04

코바늘에 B 셔틀의 실을 걸어 빼낸다.

05

만들어진 고리 속에 셔틀을 통과시킨 후 조인다.

06

'2코, 피코, 2코, 피코, 2코'로 링의 나머지 코를 만들고 심지 실을 조인다.

부수 소품 만들기

🧵 티슈 케이스 만들기

01 천을 자른다.

 ※ 주위에 시접을 1cm 남기고 자른다.

02 천의 아래위를 세 번 접어 꿰맨다.

03 그림과 같이 접은 후 옆쪽을 꿰맨다.

04 겉으로 뒤집는다.

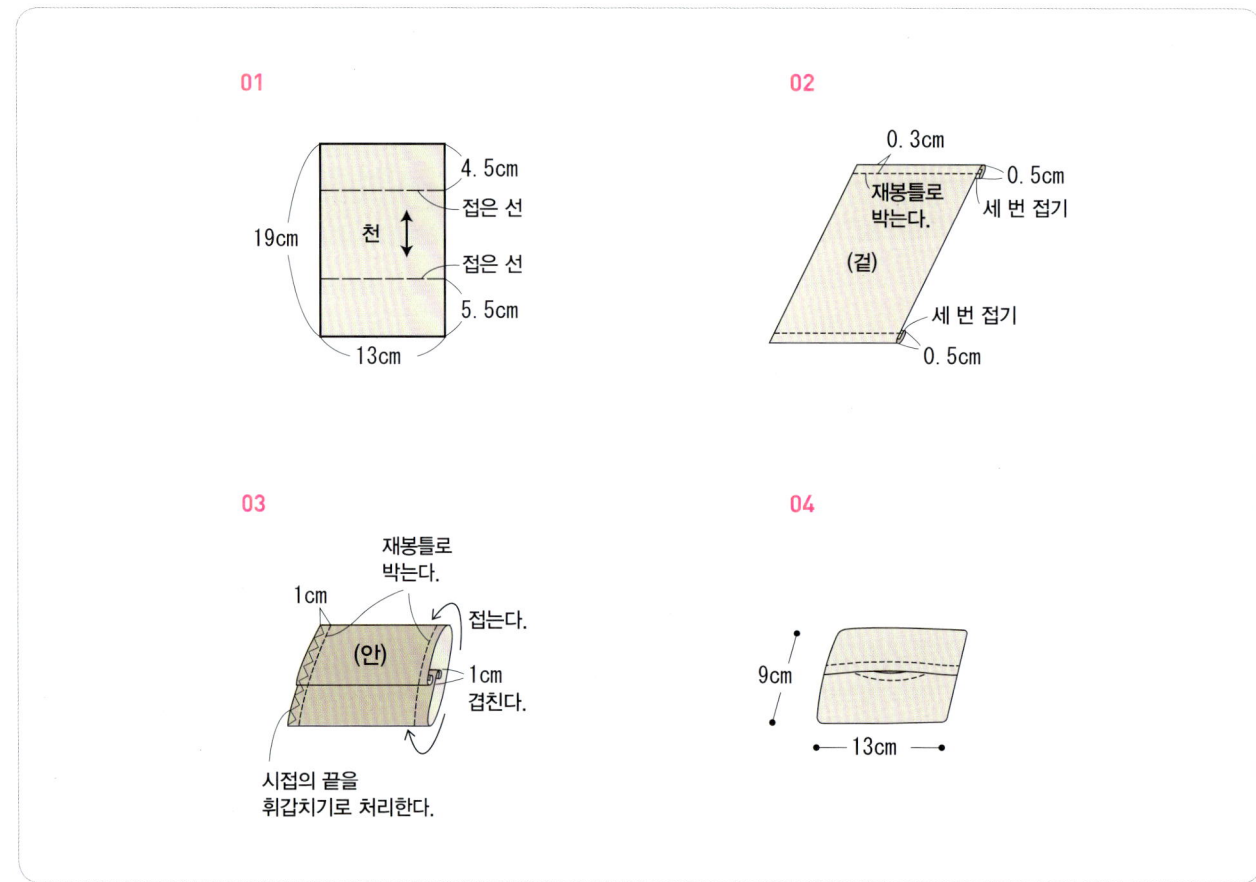

01

4.5cm 접은 선
19cm
천
접은 선
5.5cm
13cm

02

0.3cm
0.5cm
재봉틀로 박는다.
세 번 접기
(겉)
세 번 접기
0.5cm

03

재봉틀로 박는다.
1cm
(안)
접는다.
1cm 겹친다.
시접의 끝을 휘갑치기로 처리한다.

04

9cm
13cm

Tatting lace

19

01

02

1cm

01 티슈 케이스를 만든다.
02 입구의 위쪽 부분에만 본드로 모티브를 붙이고 바늘땀이 보이지 않도록 꿰맨다. 18도 동일하게 만든다.

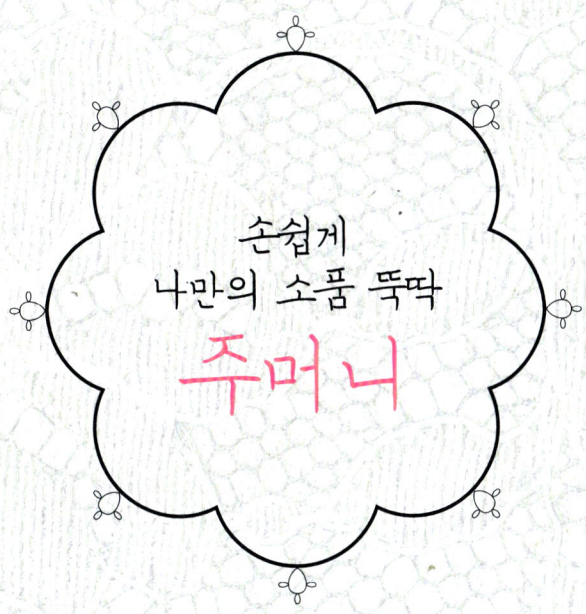

손쉽게
나만의 소품 뚝딱
주머니

단순한 주머니에 브레이드를 달아 독특함을 더했어요.
검은색 리넨 주머니에 흰 실로 만든 작품이 돋보입니다.

20

● **실**
면 레이스실 #40 화이트(1)

● **기타 재료**
천(리넨) 25×40cm
리본(4mm 폭 · 화이트) 52cm 2개

● **도구**
태팅 셔틀 2개

● **완성 수치**
세로 19cm, 가로 16.5cm

● **만드는 법**
1. 브레이드를 만든다.
2. 주머니를 만든다.
3. 주머니에 브레이드를 단다.

브레이드 만들기

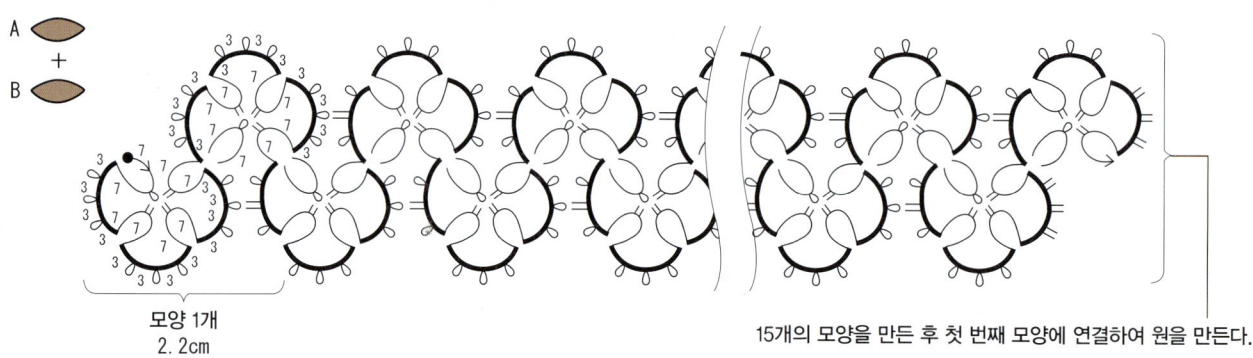

A
+
B

모양 1개
2.2cm

15개의 모양을 만든 후 첫 번째 모양에 연결하여 원을 만든다.

◀——————— 모양 15개＝33cm ———————▶

01 A 셔틀로 '7코, 피코, 7코'의 링을 1개 만든다.

02 「3코, 피코」×3번, 3코'의 체인을 만든다.

03 '7코, 피코에 연결하기, 7코'의 링을 1개 만든다.

04 02~03을 2번 반복한다.

05 B 셔틀로 04의 링 반대쪽에 '7코, 피코, 7코'의 링을 1개 만든다.

06 02~03을 세 번 반복한다.

07 도안을 보면서 반복한다. 전체 15개의 모양을 만든다. 마지막에는 첫 번째 모양에 연결하여 원을 만든다.

Tatting lace

부수 소품 만들기

주머니 만드는 방법

01 천 2장을 겹쳐 꿰맨다.

02 입구를 꿰맨다.

03 리본을 넣는다.

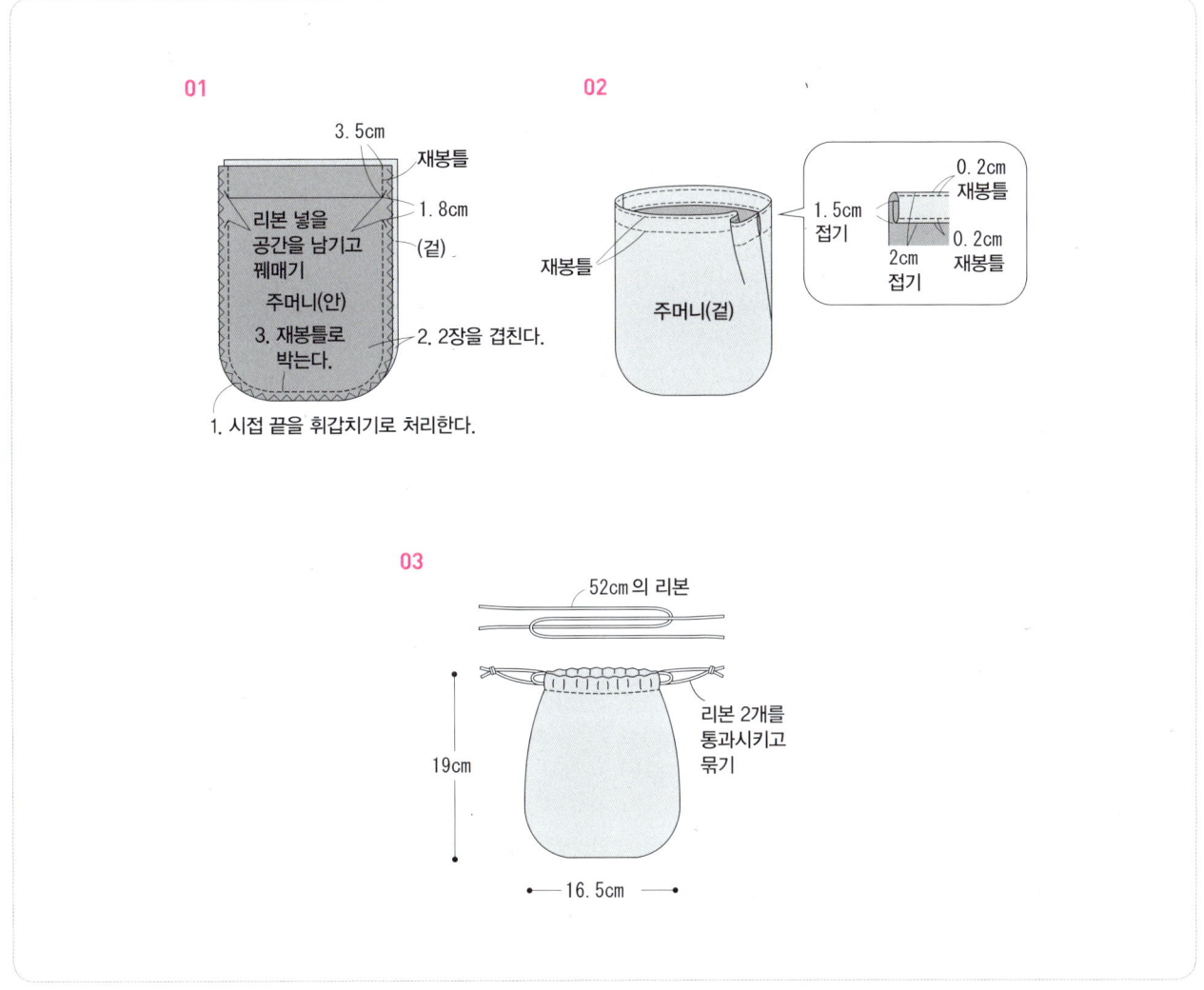

01

3.5cm

재봉틀

1.8cm

리본 넣을
공간을 남기고
꿰매기

(겉)

주머니(안)

3. 재봉틀로
박는다.

2. 2장을 겹친다.

1. 시접 끝을 휘갑치기로 처리한다.

02

재봉틀

주머니(겉)

1.5cm
접기

0.2cm
재봉틀

2cm
접기

0.2cm
재봉틀

03

52cm의 리본

19cm

16.5cm

리본 2개를
통과시키고
묶기

주머니 실물 크기 참고본

※ 브레이드의 완성 치수에 맞춰 가로 폭을 조절한다.
※ ☐ 안의 숫자만큼 시접 폭, 시접의 길이를 추가하여 재단한다.

리본 넣을 공간

3.5cm

리본 넣을 공간

주머니(리넨 2장)

1cm

Tatting lace

마무리하기

01

02

4.5cm

01 주머니를 만든다.
02 본드를 사용하여 브레이드를 붙이고 바늘땀이 보이지 않도록 꿰맨다.

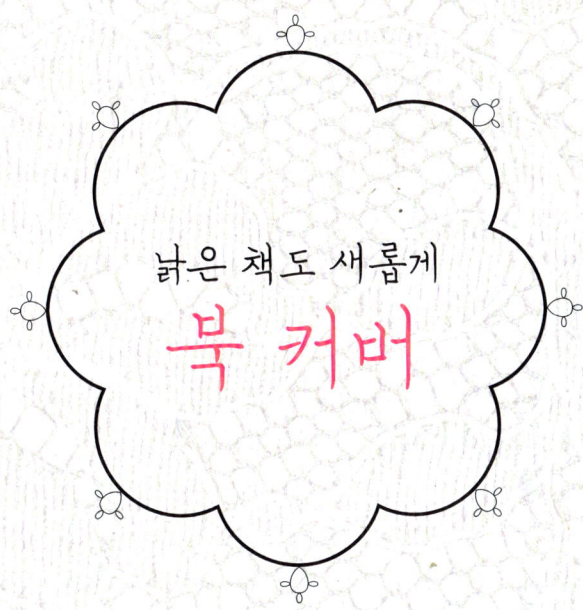

낡은 책도 새롭게
북 커버

브레이드와 모티브를 조합하여 고전적인 이미지의 북 커버를 디자인했어요.
하나는 네잎클로버, 다른 하나는 엠블럼풍의 모티브로 장식합니다.

21

● **실**
면 레이스실 #40 오프화이트(2)

● **기타 재료**
겉감(리넨) 45×20cm
안감(면·스트라이프) 35×20cm
면마테이프(15mm 폭) 20cm

● **도구**
태팅 셔틀 2개

● **완성 수치**
문고본 크기

● **만드는 법**
1. 브레이드, 모티브를 만든다.
2. 북 커버를 만든다.
3. 북 커버에 브레이드, 모티브를 단다.

브레이드&모티브 만들기

브레이드

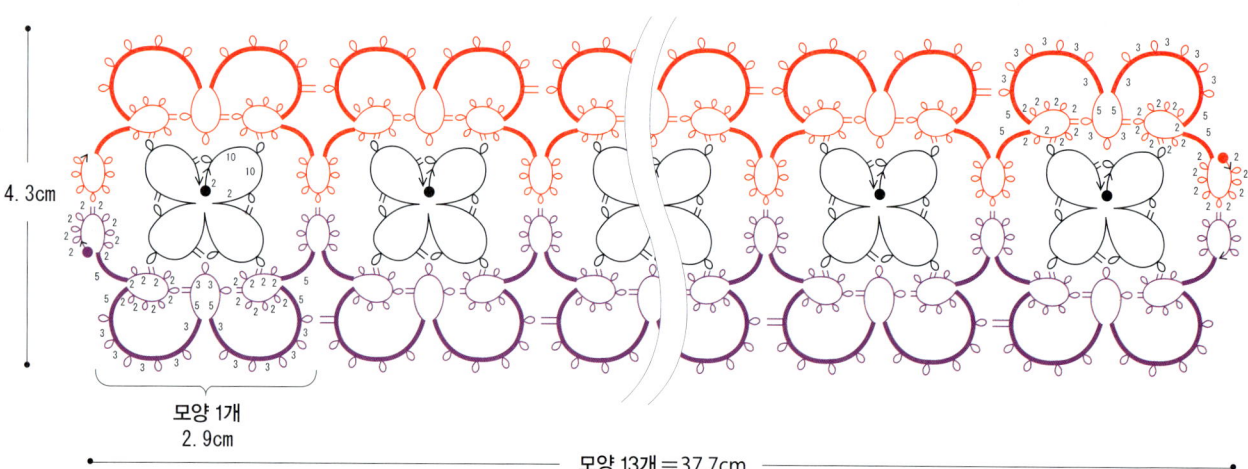

4.3cm

모양 1개
2.9cm

모양 13개 = 37.7cm

Tatting lace

{ 첫 번째 단 }

01 '2코, 피코, 10코, 피코, 10코, 피코, 2코'의 링을 1개 만든다.

02 도안을 보면서 반복한다. 같은 모양을 13개 만든다.

{ 두 번째 단 }

01 「2코, 피코」×7번, 2코'의 링을 1개 만든다.

02 5코의 체인을 만든다.

03 '2코, 피코, 2코, 첫 번째 단의 피코에 연결하기, 「2코, 피코」×5번, 2코'의 링을 1개 만든다.

04 '5코, 「피코, 3코」×5번'의 체인을 만든다.

05 '5코, 피코에 연결하기, 3코, 피코, 3코, 피코, 5코'의 링을 1개 만든다.

06 '3코, 피코」×5번, 5코'의 체인을 만든다.

07 '「2코, 피코」×3번, 2코, 피코에 연결하기, 2코, 피코, 2코, 첫 번째 단의 피코에 연결하기, 2코, 피코, 2코'의 링을 1개 만든다.

08 5코의 체인을 만든다.

09 도안을 보면서 반복한다.

{ 세 번째 단 }

두 번째 단과 동일하게 만든다.

모티브

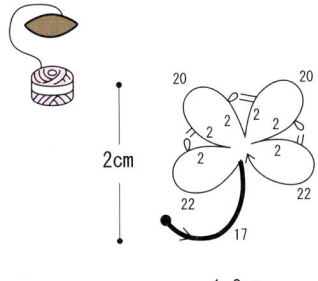

01 17코의 체인을 만든다.

02 '22코, 피코, 2코'의 링을 1개 만든다.

03 '2코, 피코에 연결하기, 20코, 피코, 2코'의 링을 2개 만든다.

04 '2코, 피코에 연결하기, 22코'의 링을 1개 만든다.

  TIP 체인을 먼저 만드는 방법

01 셔틀과 실 묶음 사이에 클립을 건다.

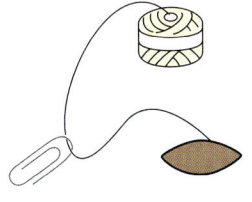

02 클립을 왼손으로 잡고 체인을 만들기 시작한다.

● **실**
면 레이스실 #40 블랙(18)

● **기타 재료**
겉감(리넨) 45×20cm
안감(면 · 체크) 35×20cm
면마테이프(15mm 폭) 20cm

● **도구**
태팅 셔틀 1개

● **완성 수치**
문고본 크기

● **만드는 법**
1. 브레이드, 모티브를 만든다.
2. 북 커버를 만든다.
3. 북 커버에 브레이드, 모티브를 단다.

브레이드&모티브 만들기

브레이드(2장)

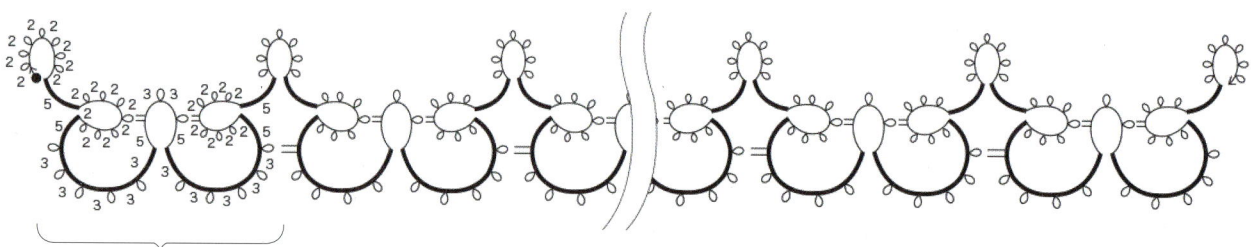

모양 1개
2.9cm

모양 13개＝37.7cm

Tatting lace

01 '「2코, 피코」×7번, 2코'의 링을 1개 만든다.

02 5코의 체인을 만든다.

03 01을 반복한다.

04 '5코, 「피코, 3코」×5번'의 체인을 만든다.

05 '5코, 피코에 연결하기, 3코, 피코, 3코, 피코, 5코'의 링을 1개 만든다.

06 '「3코, 피코」×5번, 5코'의 체인을 만든다.

07 '「2코, 피코」×3번, 2코, 피코에 연결하기, 「2코, 피코」×3번, 2코'의 링을 1개 만든다.

08 5코의 체인을 만든다.

09 도안을 보면서 반복한다.

모티브

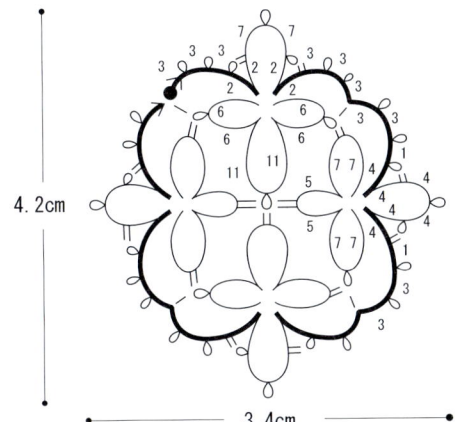

4.2cm

3.4cm

01 A 셔틀로 '「3코, 피코」×3번, 2코'의 체인을 만든다.

02 B 셔틀로 '2코, 피코에 연결하기, 7코, 피코, 7코, 피코, 2코'의 링을 1개 만든다.

03 A 셔틀로 02의 링 반대쪽에 '6코, 피코, 6코'의 링을 1개, '11코, 피코, 11코'의 링을 1개, '6코, 피코, 6코'의 링을 1개 만든다.

04 A 셔틀로 '2코, 피코에 연결하기, 3코, 피코, 3코, 피코, 3코'의 체인을 만든다.

05 앞 피코에 락조인한다.

06 '「3코, 피코」×2번, 1코, 피코, 4코'의 체인을 만든다.

07 B 셔틀로 '4코, 피코에 연결하기, 4코, 피코, 4코, 피코, 4코'의 링을 1개 만든다.

08 A 셔틀로 07의 링 반대쪽에 '7코, 피코에 연결하기, 7코'의 링을 1개, '5코, 피코에 연결하기, 5코'의 링을 1개, '7코, 피코, 7코'의 링을 1개 만든다.

09 A 셔틀로 '4코, 피코에 연결하기, 1코, 피코, 3코, 피코, 3코'의 체인을 만든다.

10 앞 피코에 락조인한다.

11 도안을 보면서 반복한다.

※ 02와 03, 07과 08의 링은 어느 것을 먼저 만들어도 상관없다.

부수 소품 만들기

📕 북 커버 만들기

01 천을 자른다.

02 천의 끝 부분을 세 번 접어 꿰맨다.

03 둘레를 꿰맨다.

04 겉으로 뒤집는다.

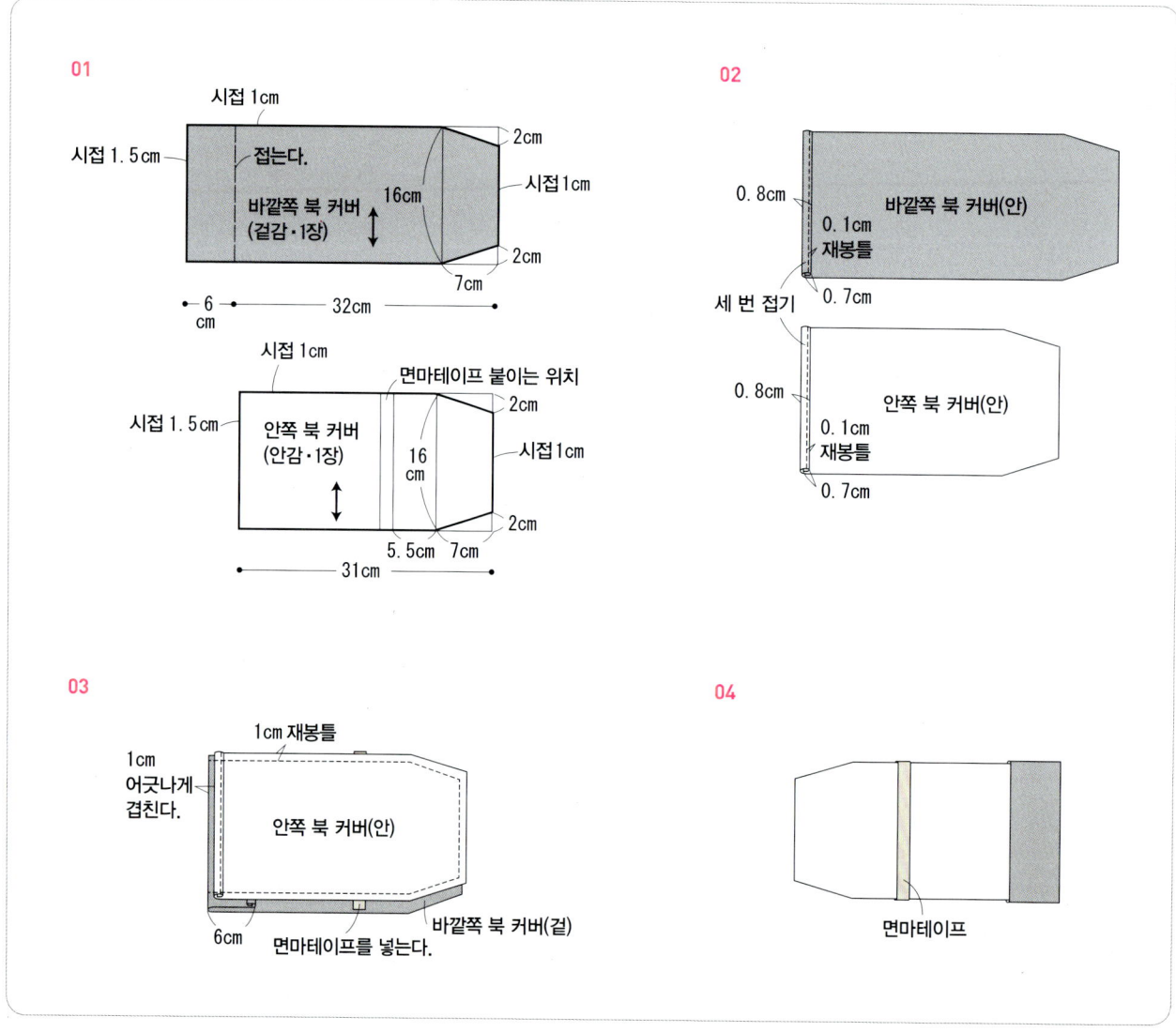

01

시접 1cm
접는다.
바깥쪽 북 커버
(겉감·1장)
시접 1.5cm
2cm
시접1cm
16cm
2cm
7cm
6 cm
32cm

시접 1cm
면마테이프 붙이는 위치
안쪽 북 커버
(안감·1장)
시접 1.5cm
2cm
시접1cm
16 cm
2cm
5.5cm 7cm
31cm

02

0.8cm
바깥쪽 북 커버(안)
0.1cm
재봉틀
세 번 접기
0.7cm

0.8cm
안쪽 북 커버(안)
0.1cm
재봉틀
0.7cm

03

1cm 재봉틀
1cm
어긋나게
겹친다.
안쪽 북 커버(안)
바깥쪽 북 커버(겉)
6cm
면마테이프를 넣는다.

04

면마테이프

마무리하기

21

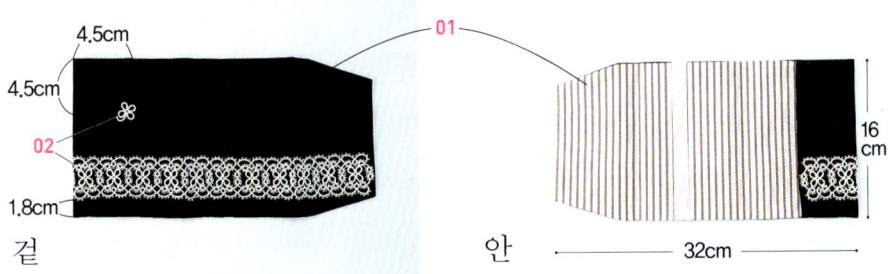

4.5cm
4.5cm
02
1.8cm
겉

01

16 cm

안

32cm

01 북 커버를 만든다.
02 본드를 사용하여 브레이드와 모티브를 붙이고 바늘땀이 보이지 않도록 꿰맨다.

22

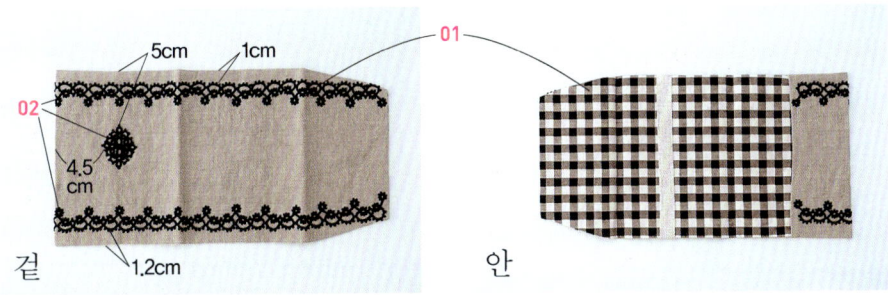

5cm   1cm
02
4.5 cm
겉
1.2cm

01

안

01 북 커버를 만든다.
02 본드를 사용하여 브레이드와 모티브를 붙이고 바늘땀이 보이지 않도록 꿰맨다.

모티브와 브레이드가 균형을 이루는 것이 포인트.

브레이드는 책날개 부분까지 장식할 수 있는 길이다.

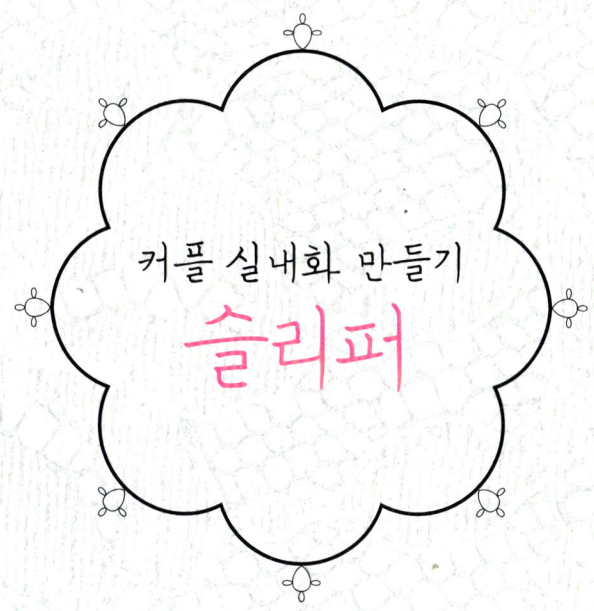

커플 실내화 만들기
슬리퍼

슬리퍼의 발등에 존재감 있는 큼지막한 모티브를 붙입니다.
흰 실로 모티브를 만든 후 홍차로 염색해도 색다른 느낌이 들죠.

● 실
23 면 레이스실 #30 화이트(1)
24 면 레이스실 #40 블랙(18)

● 기타 재료
슬리퍼, 홍차

● 도구
태팅 셔틀 2개, 레이스용 코바늘

● 완성 수치
23 모티브 직경 8.2cm
24 모티브 직경 7.8cm

● 만드는 법
1. 모티브를 만든다.
2. 모티브를 홍차로 염색한다(23 P.104 참조).
3. 모티브를 슬리퍼에 단다.

모티브 만들기

23 모티브(2장)

※ 첫 번째 단의 긴 피코는 1cm 높이로 만든다.
※ ×=피코를 2회 꼰 다음 셔틀을 연결한다(P.61 참조).

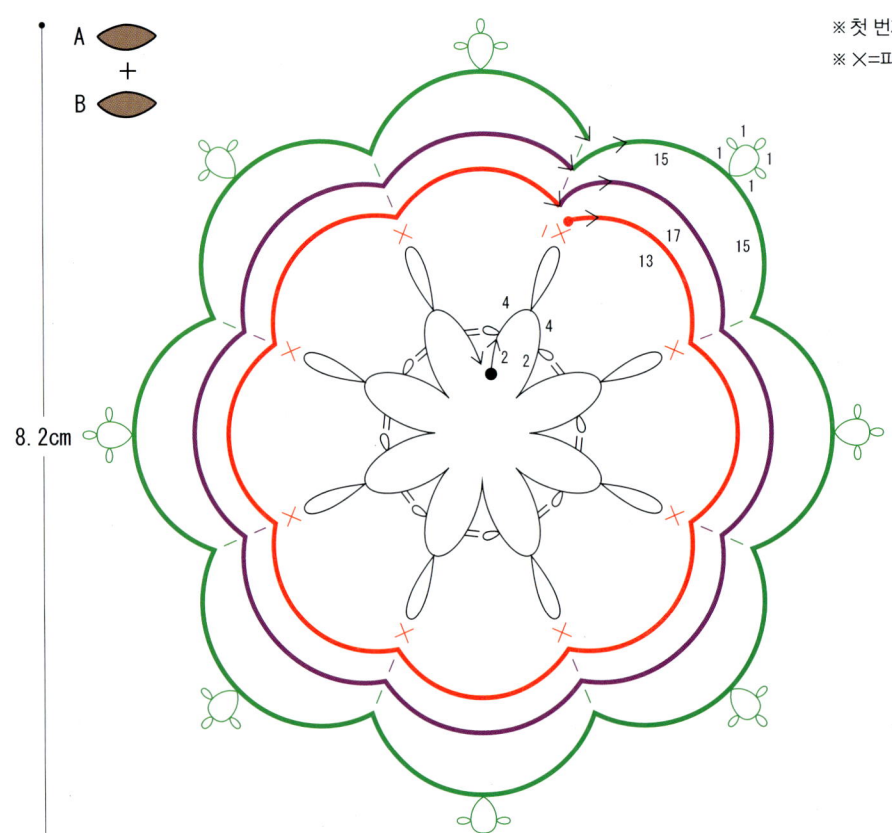

Tatting lace

{ 첫 번째 단 }

01 A 셔틀로 '2코, 피코, 4코, 긴 피코, 4코, 피코, 2코'의 링을 1개 만든다.

02 도안을 보면서 반복한다.

{ 두 번째 단 }

01 첫 번째 단의 긴 피코를 2번 꼬고 A 셔틀을 락조인해 연결한다(P.61 참조).

02 A 셔틀로 13코의 체인을 만든다.

03 01~02를 7번 반복한다.

04 01에서 꼰 긴 피코에 락조인한다.

{ 세 번째 단 }

01 A 셔틀로 17코의 체인을 만든다.

02 두 번째 단에 락조인한다(P.88 참조).

03 도안을 보면서 반복한다.

{ 네 번째 단 }

01 A 셔틀로 15코의 체인을 만든다.

02 B 셔틀로 「1코, 피코」×3번, 1코'의 링을 체인 위에 1개 만든다.

03 A 셔틀로 15코의 체인을 만든다.

04 세 번째 단에 락조인한다(P.88 참조).

05 도안을 보면서 반복한다.

24   모티브(2장)

{ 첫 번째 단 }

01 A 셔틀로 '4코, 피코, 1코, 피코, 1코, 피코, 4코'의 링을 1개 만든다.

02 6코의 체인을 만든다.

03 B 셔틀로 '3코, 피코, 2코, 피코, 2코, 피코, 3코'의 링을 체인 위에 1개 만든다.

04 A 셔틀로 6코의 체인을 만든다.

05 도안을 보면서 반복한다.

{ 두 번째 단 }

01 첫 번째 단의 피코에 A 셔틀을 락조인해 연결한다.

02 23코의 체인을 만든다.

03 도안을 보면서 반복한다.

{ 세 번째 단 }

01 A 셔틀로 11코의 체인을 만든다.

02 B 셔틀로 「1코, 피코」×3번, 1코'의 링을 체인 위에 1개 만든다.

03 A 셔틀로 5코의 체인을 만든다.

04 B 셔틀로 '5코, 피코, 2코, 피코, 2코, 피코, 5코'의 링을 체인 위에 1개 만든다.

05 03, 02, 01의 순서로 반복한다.

06 두 번째 단에 락조인한다.

07 도안을 보면서 반복한다.

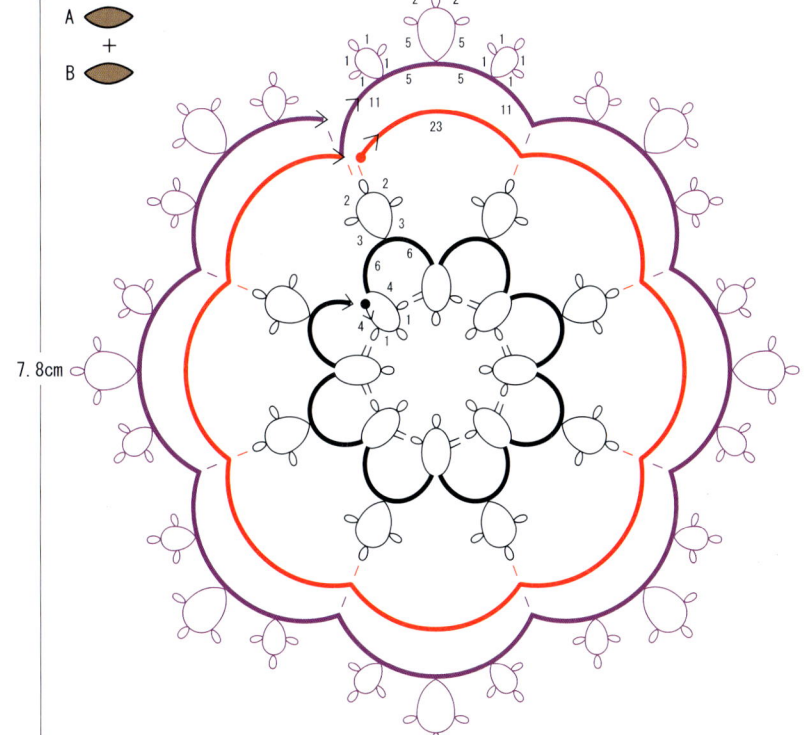

7.8cm

기법 따라 하기

24 세 번째 단 락조인하는 방법

※ 23의 세 번째, 네 번째 단의 연결 방법도 동일하다.

이

두 번째 단의 코와 코 사이에 화살표 방향
으로 코바늘을 넣는다.

02 바늘에 실을 걸어 잡아당긴다.

03

실을 당겨 고리를 크게 늘린다.

04

셔틀을 고리 속으로 통과시킨다.

05

실을 당겨 고리를 조인다.

06 두 번째 단과 연결되었다.

Tatting lace

24

본드로 슬리퍼에 모티브를 붙이고 바늘땀이 눈에 띄지
않도록 꿰맨다. 23도 동일하게 만든다.

모티브

여기저기 실용적인
파우치

납작한 파우치는 폭이 넓은 리넨 테이프를 이용해서 만든 간편 아이템입니다.
모티브의 디자인과 색을 달리하여 여러 개 만들어 두고
용도를 나눠 활용해도 좋아요.

● **실**
면 레이스실 #40
25 오프화이트(2)
26 화이트(1)

● **기타 재료**
리넨 테이프(12cm 폭) 25cm
단추(직경 1.1cm) 1개

● **도구**
태팅 셔틀 2개

● **완성 수치**
세로 10.5cm, 가로 12cm

● **만드는 법**
1. 모티브, 단추 고리를 만든다.
2. 파우치를 만든다.
3. 파우치에 모티브, 단추를 단다.

모티브 만들기

25 모티브

{ 첫 번째 단 }

01 A, B 셔틀로 스플릿 링을 1개 만든다. 도중에 피코를 2개 만든다.

02 A 셔틀로 '2코, 피코에 연결하기, 4코, 피코, 3코, 피코, 4코, 피코, 2코'의 링을 2개 만든다.

03 도안을 보면서 반복한다.

{ 두 번째 단 }

01 첫 번째 단의 피코에 A 셔틀을 락조인해 연결한다.

02 B 셔틀의 실을 덧대어 5코의 체인을 만든다.

03 B 셔틀로 첫 땀 10코의 조세핀 노트를 만든다.

04 A 셔틀로 5코의 체인을 만든다.

05 첫 번째 단의 피코에 락조인한다.

06 뒤집어서 9코의 체인을 만든다.

07 '4코, 피코, 4코'의 링을 1개 만든다.

08 B 셔틀로 5코의 체인을 만든다.

09 A 셔틀로 첫 땀 10코의 조세핀 노트를 만든다.

10 B 셔틀로 5코의 체인을 만든다.

11 A 셔틀로 '4코, 피코, 4코'의 링을 1개 만든다.

12 뒤집어서 9코의 체인을 만든다.

13 도안을 보면서 반복한다.

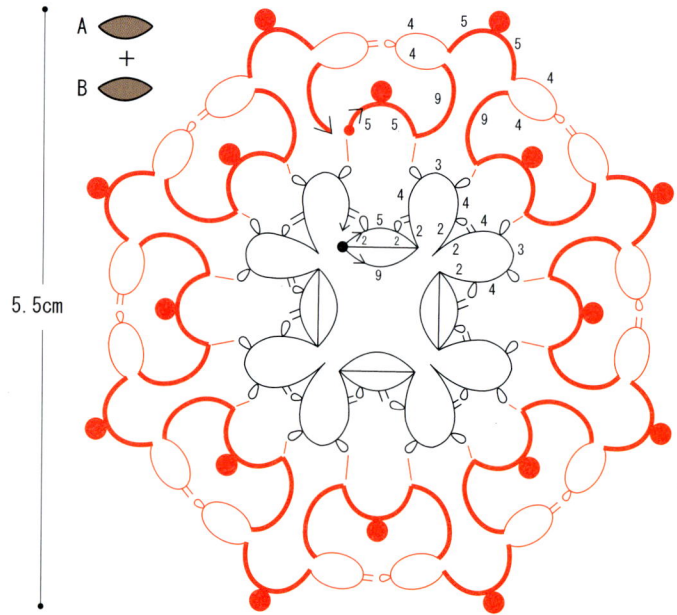

5.5cm

26 모티브

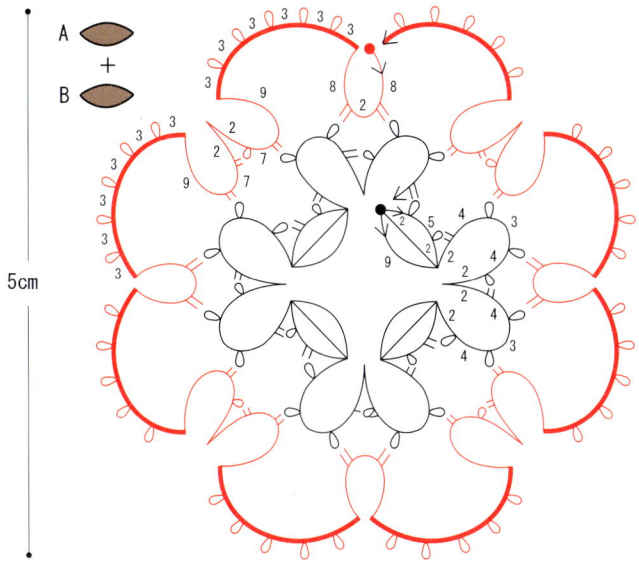

5cm

A
+
B

{ 첫 번째 단 }

25 모티브와 동일하게 만든다.

{ 두 번째 단 }

01 A 셔틀로 '8코, 첫 번째 단의 피코에 연결하기, 2코, 첫 번째 단의 피코에 연결하기, 8코'의 링을 1개 만든다.

02 「3코, 피코」×5번, 3코'의 체인을 만든다.

03 '9코, 첫 번째 단의 피코에 연결하기, 7코, 피코, 2코'의 링을 1개, '2코, 피코에 연결하기, 7코, 첫 번째 단의 피코에 연결하기, 9코'의 링을 1개 만든다.

04 02를 한 번 반복한다.

05 도안을 보면서 반복한다.

25, 26 단추 고리

35코의 체인을 만든다.

부수 소품 만들기

🧶 파우치 만들기

01 리넨 테이프를 자른다.
02 시접을 세 번 접어 꿰맨다.
03 옆면을 꿰맨다.

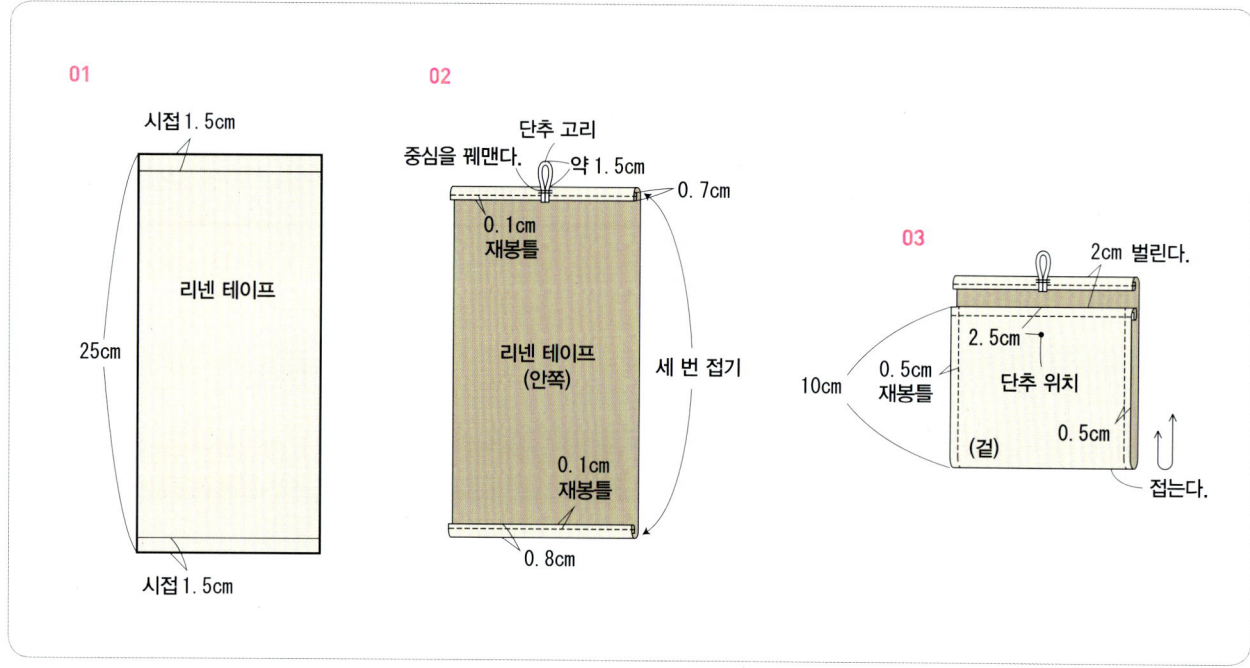

01

시접 1.5cm

리넨 테이프

25cm

시접 1.5cm

02

단추 고리
중심을 꿰맨다. 약 1.5cm

0.7cm

0.1cm
재봉틀

리넨 테이프
(안쪽)

세 번 접기

0.1cm
재봉틀

0.8cm

03

2cm 벌린다.

2.5cm

0.5cm
재봉틀

단추 위치

10cm

0.5cm

(겉)

접는다.

Tatting lace

26

01 파우치를 만든다.

02 단추를 꿰매어 단다.

03 본드를 사용하여 파우치에 모티브를 붙이고 바늘땀이 보이지 않도록 꿰맨다. **25**도 동일하게 만든다.

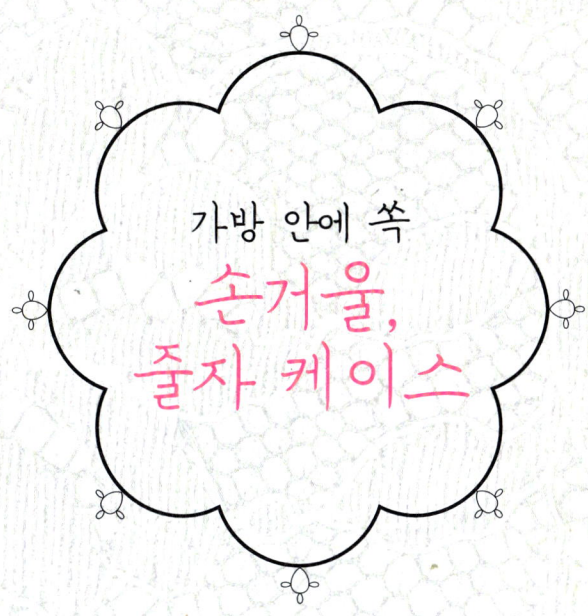

가방 안에 쏙
손거울,
줄자 케이스

소녀 취향의 사랑스러운 거울.
벨벳 리본이나 스와로브스키 엘리먼트로 꾸며 보세요.
재봉이 즐거워지는 앙증맞은 줄자 케이스는
양면에 레이스를 달아 정성껏 만든 것이 자랑거리랍니다.

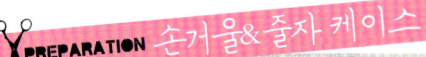

27

● **실**
면 레이스실 #40 아이보리(3)

● **기타 재료**
천(리넨) 10×10cm
거울 금속(더블 미러 약 6×6cm) 1쌍
퀼트솜 10×10cm
화이트 오팔(금속 꽃받침이 있는 것) 1개

● **도구**
태팅 셔틀 1개

● **완성 수치**
모티브 직경 5cm

● **만드는 법**
1. 모티브를 만든다.
2. 천과 퀼트솜을 사용하여 거울 금속을 꾸민다.
3. 모티브, 화이트 오팔을 붙인다.

● **실**
면 레이스실 #40 오프화이트(2)

● **기타 재료**
천(리넨) 10×20cm
줄자(직경 약 5.5cm) 1개
퀼트솜 15×15cm
리본 테이프(1cm 폭 · 베이지) 20cm
가죽끈(암갈색) 0.8×5cm
스와로브스키 엘리먼트(#2028 · SS20 · 크리스털) 2개

● **도구**
태팅 셔틀 1개

● **완성 수치**
모티브 직경 4cm

● **만드는 법**
1. 모티브를 만든다.
2. 줄자 케이스를 만든다.
3. 모티브, 스와로브스키 엘리먼트를 붙인다.

30

Tatting lace

모티브 만들기

모티브(27은 1장, 30은 2장)

{ 첫 번째 단 }

01 '1코, 피코, 「3코, 피코」×7번, 2코'의 링을 만든다.

{ 두 번째 단 }

01 '5코, 첫 번째 단의 피코에 연결하기, 5코'의 링을 1개 만든다.

02 첫 땀 10코의 하프 조세핀 노트를 만든다.

03 '8코, 피코, 2코, 피코, 3코, 피코, 3코'의 링을 1개 만든다.

04 '3코, 피코, 3코, 피코, 2코, 피코, 8코'의 링을 1개 만든다.

05 첫 땀 10코의 하프 조세핀 노트를 만든다.

06 도안을 보면서 반복한다.

{ 세 번째 단 }

01 두 번째 단의 피코에 셔틀을 락조인해 연결한다.

02 7코의 체인을 만든다.

03 두 번째 단의 피코에 락조인한다.

04 13코의 체인을 만든다.

05 두 번째 단의 피코에 락조인한다.

06 도안을 보면서 반복한다

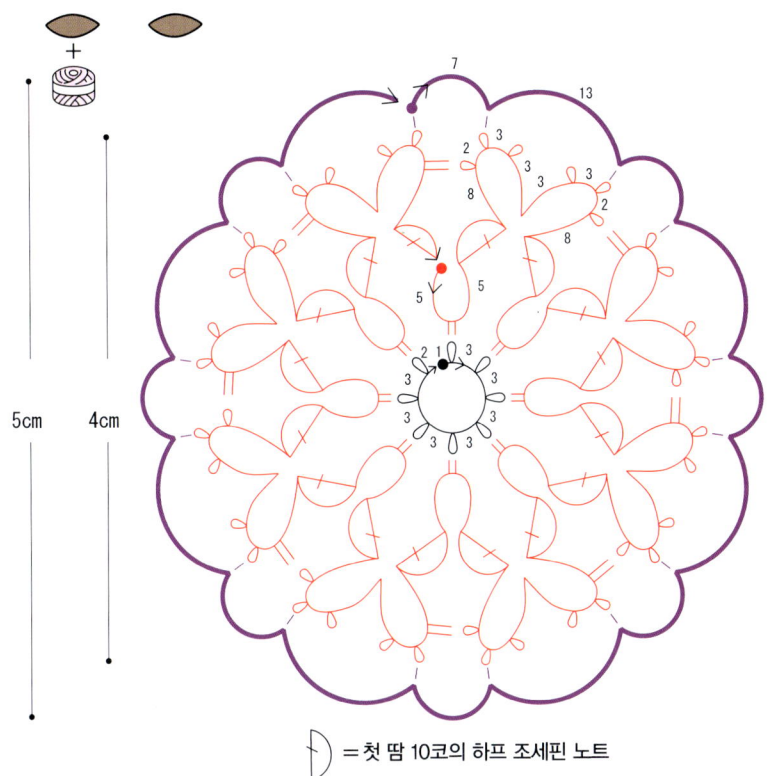

5cm   4cm

⊃ = 첫 땀 10코의 하프 조세핀 노트

※27은 세 번째 단, 30은 두 번째 단까지 만든다.

기법 따라 하기

'하프(half) 조세핀 노트' 만들기

01

링을 만드는 방법으로 셔틀의 실을 왼손에 걸고 첫 땀만 10코 만든다.

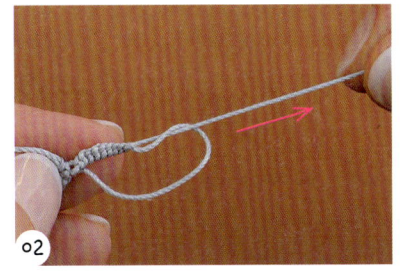

02

심지 실을 천천히 당긴다. 끝까지 당기지 말고 심지 실이 약간 보이는 상태에서 멈춘다.

03

하프 조세핀 노트가 완성된다.

● **실**
면 레이스실 #40 블랙(18)

● **기타 재료**
천(리넨) 10×10cm
거울 금속(더블 미러 약 6×6cm) 1쌍
퀼트솜 10×10cm
스와로브스키 엘리먼트
(#2028 · SS20 · 화이트 오팔) 1개, (#2028 · SS9 · 화이트 오팔) 6개

● **도구**
태팅 셔틀 2개

● **완성 수치**
모티브 직경 5.3cm

● **만드는 법**
1. 모티브를 만든다.
2. 천과 퀼트솜을 사용하여 거울 금속을 꾸민다.
3. 모티브, 스와로브스키 엘리먼트를 붙인다.

모티브 만들기

모티브

{ 첫 번째 단 }

01 A 셔틀로 '7코, 피코, 5코, 피코, 2코'의 링을 1개 만든다.

02 '2코, 피코에 연결하기, 9코, 피코, 9코, 피코, 2코'의 링을 1개 만든다.

03 '2코, 피코에 연결하기, 5코, 피코, 7코'의 링을 1개 만든다.

04 7코의 체인을 만든다.

05 B 셔틀로 「1코, 피코」×3번, 1코'의 링을 체인 위에 1개 만든다.

06 A 셔틀로 7코의 체인을 만든다.

07 도안을 보면서 반복한다.

{ 두 번째 단 }

01 A 셔틀로 '4코, 첫 번째 단의 피코에 연결하기, 4코'의 링을 1개 만든다.

02 '3코, 피코, 2코, 피코, 2코, 피코, 3코'의 체인을 만든다.

03 첫 번째 단의 피코에 락조인한다.

04 '3코, 피코, 2코, 피코, 2코, 피코, 3코'의 체인을 만든다.

05 '4코, 첫 번째 단의 피코에 연결하기, 4코'의 링을 1개 만든다.

06 '4코, 피코, 4코'의 체인을 만든다.

07 도안을 보면서 반복한다.

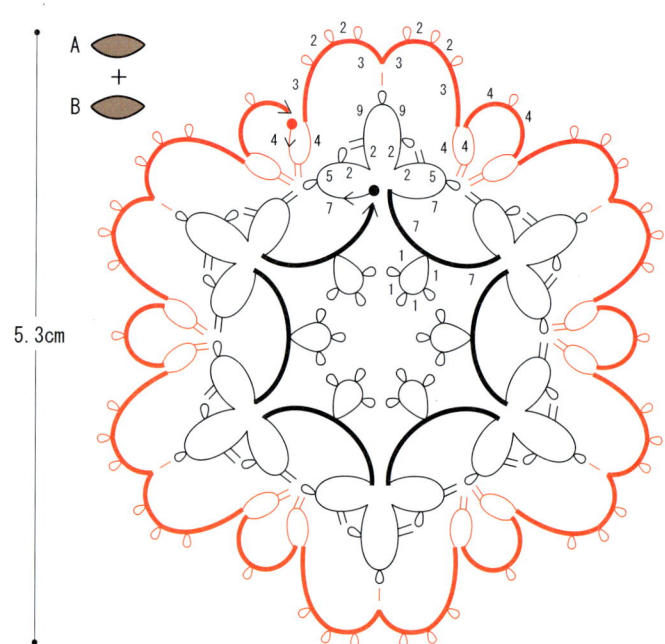

5.3cm

28

● 실
면 레이스실 #40 오프화이트(2)
● 기타 재료
천(리넨) 10×10cm
거울 금속(더블 미러 약 6×6cm) 1쌍
퀼트솜 10×10cm
벨벳 리본(4mm 폭 · 퍼플) 15cm
스와로브스키 엘리먼트(#2028 · SS20 · 화이트 오팔) 1개
● 도구
태팅 셔틀 1개
● 완성 수치
모티브 직경 5cm
● 만드는 법
1. 모티브를 만든다.
2. 천과 퀼트솜을 사용하여 거울 금속을 꾸민다.
3. 모티브, 스와로브스키 엘리먼트, 벨벳 리본을 붙인다.

● 실
면 레이스실 #40 화이트(1)
● 기타 재료
천(리넨) 10×20cm
줄자(직경 약 6cm) 1개
퀼트솜 15×15cm
리본 테이프(폭 1cm · 갈색) 20cm
가죽끈(갈색) 0.8×5cm
스와로브스키 엘리먼트(#2028 · SS16 · 화이트 오팔) 2개
홍차
● 도구
태팅 셔틀 1개
● 완성 수치
모티브 직경 4cm
● 만드는 법
1. 모티브를 만든다.
2. 홍차로 모티브를 염색한다.
3. 줄자 케이스를 만든다.
4. 모티브, 스와로브스키 엘리먼트를 붙인다.

31

모티브 만들기

모티브(28은 1장, 31은 2장)

{ 첫 번째 단 }

01 '2코, 피코, 4코, 피코, 4코, 피코, 2코'의 링을 1개 만든다.

02 도안을 보면서 반복한다.

{ 두 번째 단 }

01 '8코, 첫 번째 단의 피코에 연결하기, 8코, 피코, 8코, 피코, 7코, 직전 피코에 연결하기, 8코'의 링을 1개 만든다.

02 '6코, 피코, 「4코, 피코」×4번, 6코'의 체인을 만든다.

03 피코에 락조인한다.

04 도안을 보면서 반복한다.

{ 세 번째 단 }

01 두 번째 단의 피코에 셔틀을 락조인해 연결한다.

02 3코의 체인을 만든다.

03 두 번째 단의 피코에 락조인한다.

04 5코의 체인을 만든다.

05 03~04를 세 번 반복한다.

06 도안을 보면서 반복한다.

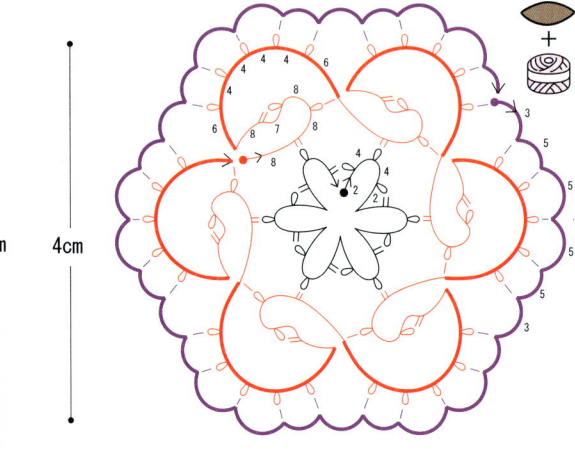

5cm 4cm

※ 28은 세 번째 단, 31은 두 번째 단까지 만든다.

기법 따라 하기

딤플드 링(dimpled ring) 만들기(두 번째 단)

01 링을 만드는 방법으로 왼손에 실을 걸고 '8코, 첫 번째 단의 피코에 연결하기, 8코, 피코, 8코, 피코, 7코'를 만든다.

02 직전에 만든 피코에 셔틀의 뿔을 넣고 화살표 방향으로 실을 걸어 꺼낸다.

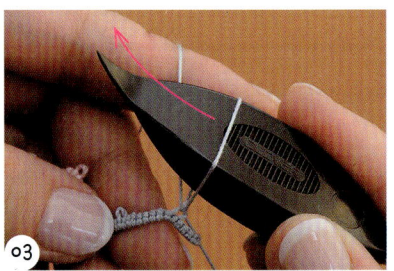

03 꺼낸 실의 고리를 크게 늘린 다음 고리 속에 셔틀을 그대로 통과시킨다.

04 실을 당겨 고리를 조인다.

05 조인 후 연결한 실을 지나치게 당겨 심지 실이 꺾이지 않게 주의한다.

06 계속해서 8코를 만든다.

Tatting lace

07 실을 당겨 고리를 조인다.

08 고리가 조여졌다.

부수 소품 만들기

🪡 거울 금속 꾸미기

01 천과 퀼트솜에 거울 금속의 받침판을 따라 표시한 후 그림과 같이 자른다.

02 천의 시접을 홈질한다.

03 받침판 위에 퀼트솜, 천 순서로 올려 놓고 실을 당긴다.

04 거울 금속에 받침을 끼운다.

01
천
받침판
1.5cm 시접을
남기고 자른다.
완성선

퀼트솜
받침판
받침판과
같은 크기로
자른다.

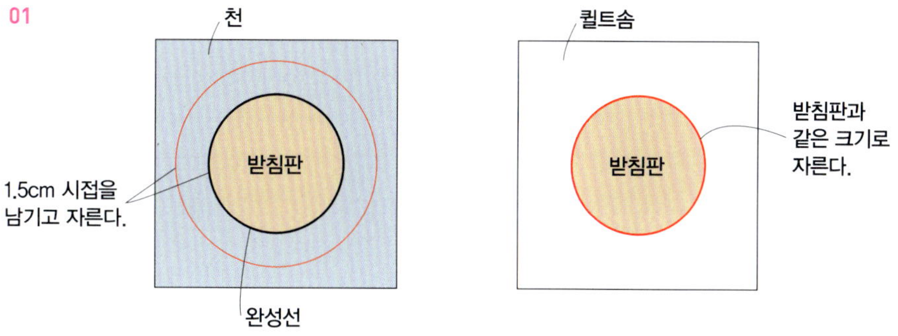

02
0.7cm
안쪽을
홈질

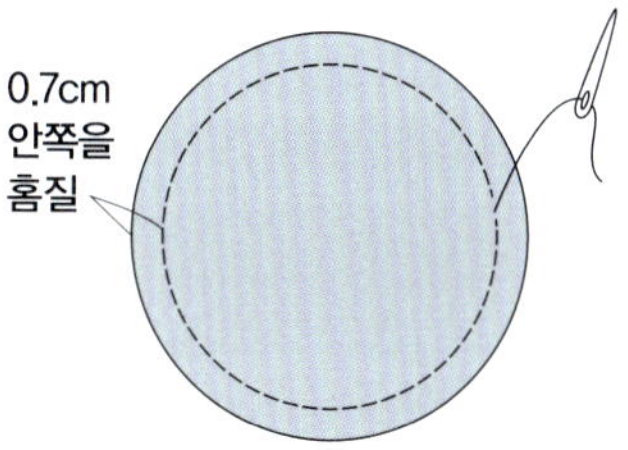

03
받침판(뒤)

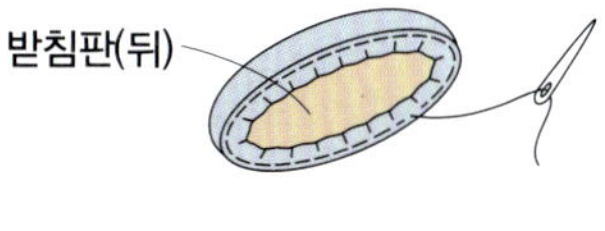

04
받침
받침 뒤쪽에
본드를 발라
붙인다.
거울 금속

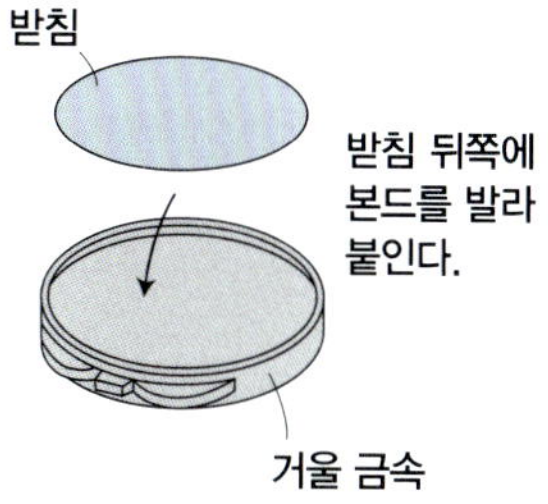

🧵 줄자 케이스 완성하기

01 천 2장을 줄자의 직경보다 2cm 여유 있는 원으로 자른다.

02 퀼트솜 4장을 줄자의 직경과 같은 치수의 원으로 자른다.

03 천 1장과 퀼트솜 2장에 본드를 얇게 바르고 겹친다.

04 본드를 사용하여 줄자의 한쪽 면에 천과 퀼트솜을 감싸듯이 붙인다.

05 줄자의 둘레에 리본 테이프를 붙인다.

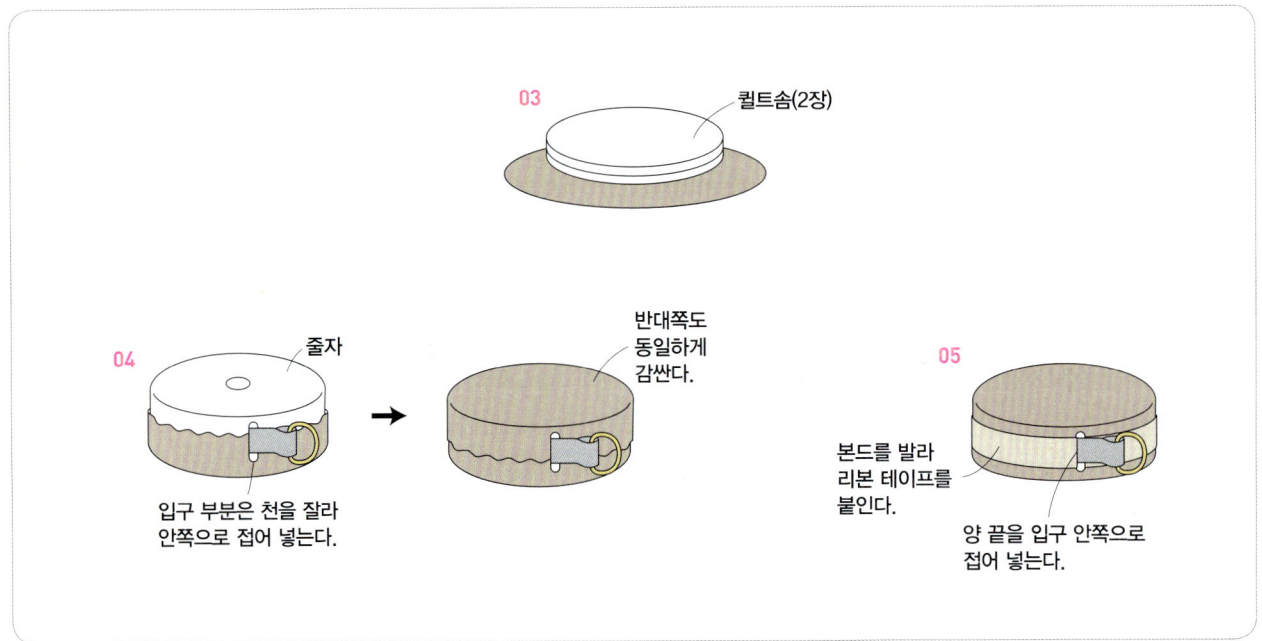

03   퀼트솜(2장)

04   줄자

반대쪽도 동일하게 감싼다.

입구 부분은 천을 잘라 안쪽으로 접어 넣는다.

05

본드를 발라 리본 테이프를 붙인다.

양 끝을 입구 안쪽으로 접어 넣는다.

🧵 홍차로 염색하기

01 완성한 31의 모티브를 물에 충분히 적신다.

02 진한 홍차에 모티브를 5분 정도 담근 다음 가볍게 헹구고 잘 말린다.

※ 풀림방지액은 염색 후 바른다.

※ 선호하는 색으로 염색되도록 담그는 시간을 조절한다.

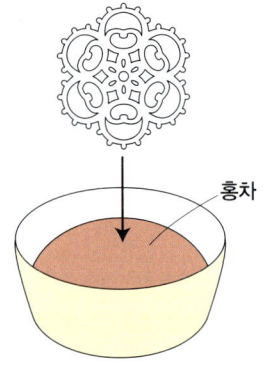

홍차

27

01 거울 금속을 완성한다.

02 본드로 모티브를 붙이고 바늘땀이 보이지 않도록 꿰맨다.

03 본드로 화이트 오팔을 붙인다.

28

01 거울 금속을 완성한다.

02 본드로 모티브를 붙이고 바늘땀이 보이지 않도록 꿰맨다.

03 본드로 스와로브스키 엘리먼트를 붙인다.

04 벨벳 리본을 묶은 후 본드로 붙인다.

29

스와로브스키
엘리먼트
(SS9)

스와로브스키
엘리먼트
(SS20)

01 거울 금속을 완성한다.

02 본드로 모티브를 붙이고 바늘땀이 보이지 않도록 꿰맨다.

03 본드로 스와로브스키 엘리먼트를 붙인다.

30

01 줄자 케이스를 완성한다.

02 줄자의 고리에 가죽끈을 넣고 반으로 접은 다음 본드로 붙인다.

03 앞면과 뒷면에 본드로 모티브를 붙이고 바늘땀이 보이지 않도록 꿰맨다.

04 스와로브스키 엘리먼트를 붙인다. 31도 동일하게 만든다.

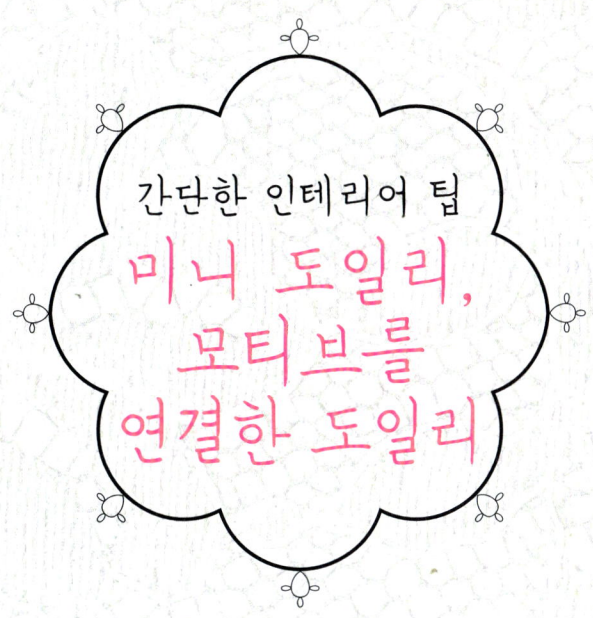

간단한 인테리어 팁

미니 도일리,
모티브를
연결한 도일리

작은 꽃병에 어울리는 미니 도일리는 자연스럽게 공간을 꾸며 줍니다.
모티브를 연결한 도일리는 손거울(27)의 모티브를 4장 연결한 작품으로,
잘 살펴보면 나비가 꽃 주위를 날고 있는 것 같아요.

● 실
면 레이스실 #40
32 라벤더(13), 퍼플(14)
33 오프화이트(2)

● 도구
태팅 셔틀 2개

● 완성 수치
직경 7.5cm

● 만드는 법
32는 첫 번째, 두 번째 단과 세 번째 단의 색을 바꿔 도일리를 만든다.
33은 단색으로 도일리를 만든다.

모티브 만들기

{ 첫 번째 단 }

01 A 셔틀로 '7코, 피코, 5코, 피코, 2코'의 링을 1개, '2코, 피코
에 연결하기, 9코, 피코, 9코, 피코, 2코'의 링을 1개 만든다. '2코,
피코에 연결하기, 5코, 피코, 7코'의 링을 1개 만든다.

02 7코의 체인을 만든다.

03 B 셔틀로 『1코, 피코』×3번, 1코'의 링을 체인 위에 1개 만든다.

04 A 셔틀로 7코의 체인을 만든다.

05 도안을 보면서 반복한다.

{ 두 번째 단 }

01 A 셔틀로 '4코, 첫 번째 단의 피코에 연결하기, 4코'의 링을
1개 만든다.

02 4코의 체인을 만든다.

03 B 셔틀로 『2코, 피코』×5번, 2코'의 링을 체인 위에 1개 만든다.

04 A 셔틀로 4코의 체인을 만든다.

05 01을 반복한다.

06 6코의 체인을 만든다.

07 03, 04를 반복한다.

08 첫 번째 단의 피코에 락조인한다.

09 04, 03, 06의 순서로 반복한다.

10 도안을 보면서 반복한다.

{ 세 번째 단 }

01 A 셔틀로 '2코, 피코, 2코, 두 번째 단의 피코에 연결하기, 2
코, 피코, 2코, 두 번째 단의 피코에 연결하기, 2코, 피코, 2
코'의 링을 1개 만든다.

02 '3코, 피코, 『2코, 피코』×4번, 3코'의 체인을 만든다.

03 도안을 보면서 반복한다.

A ◖
+
B ◗

7.5cm

※ 32의 첫 번째 · 두 번째 단은 퍼플, 세 번째 단은 라벤더 색상으로 만든다.

Tatting lace

3/4

- ● 실
  면 레이스실 #40 화이트(1)
- ● 도구
  태팅 셔틀 1개
- ● 완성 수치
  세로 10cm, 가로 10cm
- ● 만드는 법
  1. 모티브 A를 1장 만든다.
  2. 모티브 B를 세 번째 단에서 연결하여 총 4장 만든다.

모티브 만들기

모티브 A

01 '3코, 피코, 7코, 피코, 7코, 피코, 3코'의 링을 1개 만든다.
02 도안을 보면서 반복한다.

모티브 B

{ 첫 번째 단 }
01 '1코, 피코, 「3코, 피코」×7번, 2코'의 링을 만든다.

{ 두 번째 단 }
01 '5코, 첫 번째 단의 피코에 연결하기, 5코'의 링을 1개 만든다.
02 첫 땀 10코의 하프 조세핀 노트를 만든다.
03 '8코, 피코, 2코, 피코, 3코, 피코, 3코'의 링을 1개 만든다.
04 '3코, 피코, 3코, 피코, 2코, 피코, 8코'의 링을 1개 만든다.
05 첫 땀 10코의 하프 조세핀 노트를 만든다.
06 도안을 보면서 반복한다.

{ 세 번째 단 }
01 두 번째 단의 피코에 셔틀을 락조인해 연결한다.
02 7코의 체인을 만들고 두 번째 단의 피코에 락조인한다.
03 13코의 체인을 만들고 두 번째 단의 피코에 락조인한다.
04 7코의 체인을 만들고 두 번째 단의 피코에 락조인한다.
05 '8코, 피코, 5코'의 체인을 만들고 두 번째 단의 피코에 락조인한다.
06 도안을 보면서 반복한다.

※ 2장 이후부터는 세 번째 단에서 옆 모티브의 피코에 연결하면서 만든다.

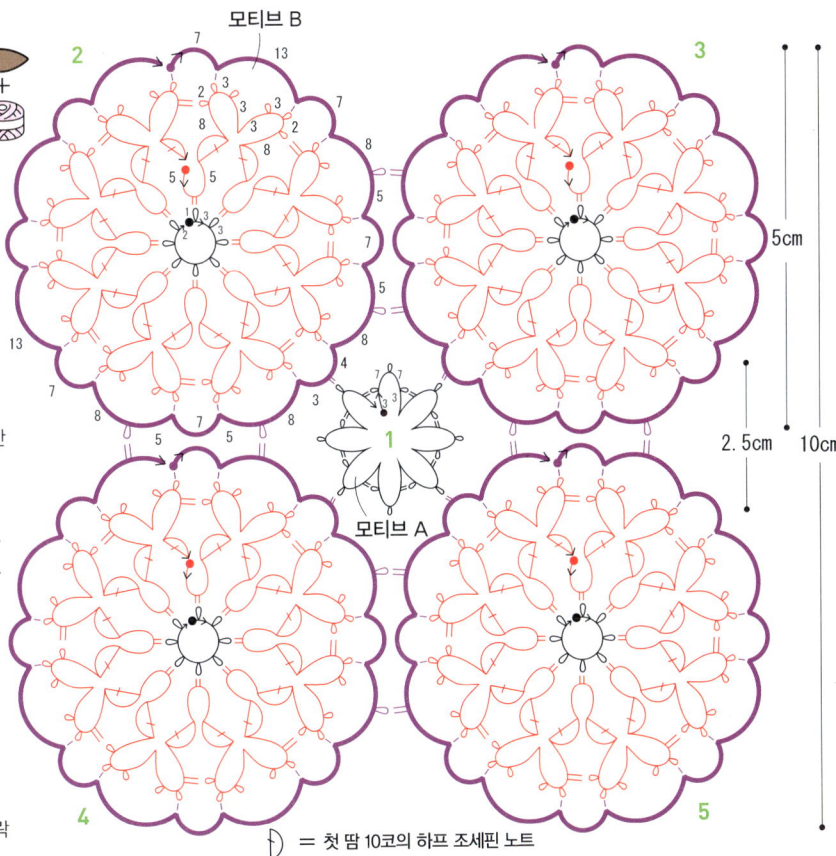

모티브 B

= 첫 땀 10코의 하프 조세핀 노트

※ 모티브는 1~5의 순서로 만든다.

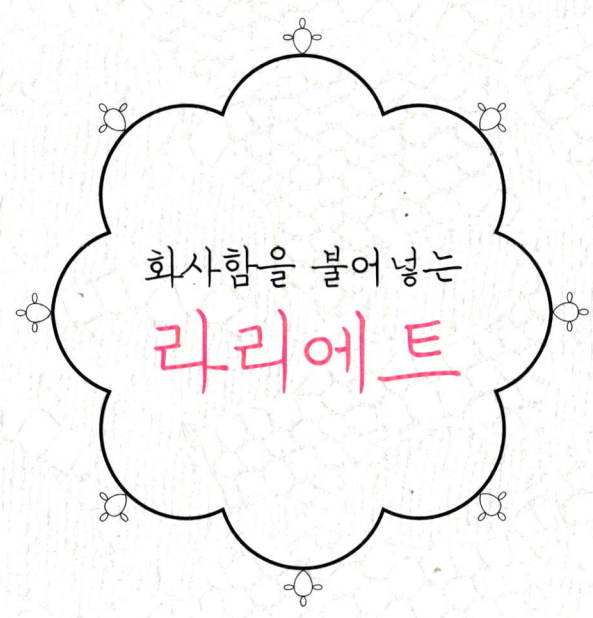

화사함을 불어 넣는
리리에트

담수 펄 비즈, 자개단추를 잎 모양의 모티브와 연결한 라리에트.
양 끝의 태슬이 우아함과 고급스러움을 더해 줍니다.

● 실
면 레이스실 #30
35 오프화이트(2)
36 블랙(14)
● 기타 재료
35 담수 펄 비즈(약 5mm · 화이트) 32개
36 자개단추(구멍 2개 · 사각형 · 8mm) 13개
   자개단추(구멍 2개 · 원형 · 11mm) 12개
● 도구
태팅 셔틀 2개
● 완성 수치
길이 134cm
● 만드는 법
35 1. 레이스실에 담수 펄 비즈를 끼운다.
   2. 라리에트를 만든다.
   3. 태슬을 단다.
36 1. 도중에 자개단추를 끼우면서 라리에트를 만든다.
   2. 태슬을 단다.

라리에트 만들기

35 라리에트

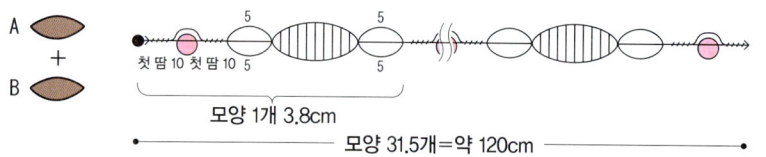

A ⬮
 +
B ⬮

첫 땀 10 첫 땀 10

모양 1개 3.8cm

모양 31.5개=약 120cm

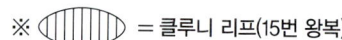

※ ┄┄┄┄ = 조세핀 체인

※ ⬮ = 클루니 리프(15번 왕복)

※ ● = 비즈를 넣는다.

※ 🪢 = 더블 피코에 단추를 끼운다.

※ 미리 비즈를 끼워 둔 레이스실을 A 셔틀에 감는다. B 셔틀의 실에는 비즈를 끼우지 않는다.

처음에 절반(16개)의 비즈를 끼우고 셔틀에 감는다. 셔틀에서 비즈가 튀어나오더라도 계속 진행한다.
※ 비즈를 끼우면 셔틀에 실을 많이 감을 수 없다. 도중에 실이 부족해지므로 실을 보충할 때 남은 절반의 비즈를 끼워 셔틀에 감는다.

01 A 셔틀로 '첫 땀만 10코, 비즈 넣기, 첫 땀만 10코'의 조세핀 체인을 만든다.
02 A, B 셔틀로 스플릿 링을 1개 만든다.
03 A 셔틀로 클루니 리프를 만든다.
04 A, B 셔틀로 스플릿 링을 1개 만든다.
05 도안을 보면서 반복한다.

Tatting lace

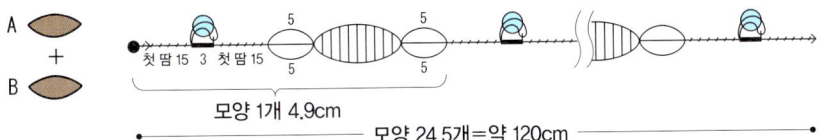

36 라리에트

A ⬭
+
B ⬭

첫 땀 15 3 첫 땀 15   5   5
5   5

모양 1개 4.9cm

모양 24.5개=약 120cm

※ 자개단추는 사각형과 원형을 1개씩 번갈아 끼운다.

01 A 셔틀로 첫 땀만 15코의 조세핀 체인을 만든다.
02 '긴 피코, 3코'의 체인을 만들고 긴 피코에 연결해 더블 피코를 만든다. 더블 피코를 만들 때 자개단추를 끼운다(긴 피코 다음의 3코는 일반적인 더블 스티치).
03 첫 땀만 15코의 조세핀 체인을 만든다.
04 A, B 셔틀로 스플릿 링을 1개 만든다.
05 A 셔틀로 클루니 리프를 만든다.
06 A, B 셔틀로 스플릿 링을 1개 만든다.
07 도안을 보면서 반복한다.

기법 따라 하기

TIP 비즈 끼우기
※ 35는 레이스실에 담수 펄 비즈를 미리 끼운 다음 만든다. 본드와 바늘을 사용하여 끼우는 방법을 소개한다.

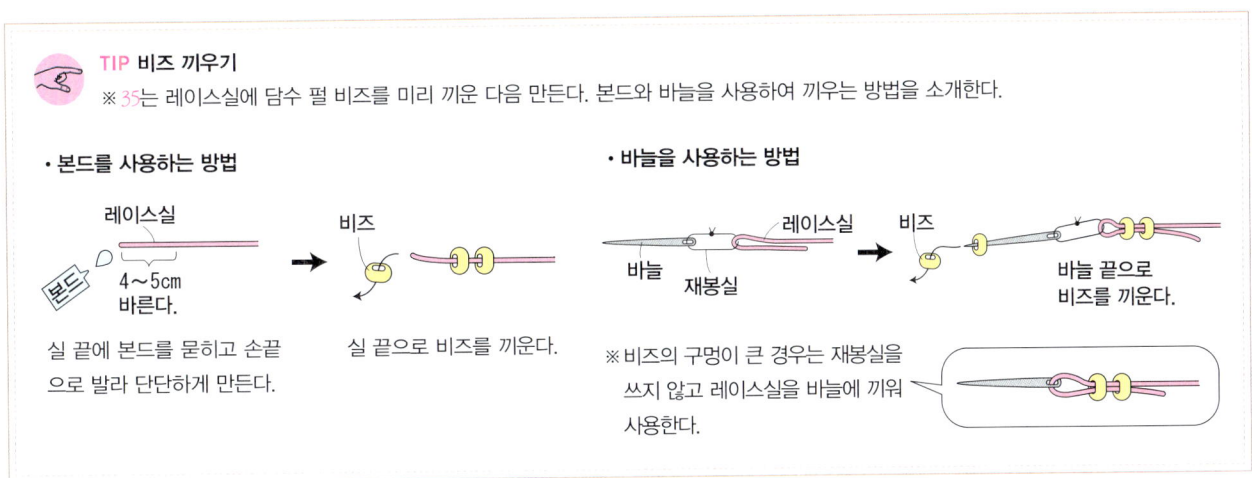

• 본드를 사용하는 방법

레이스실

본드 4~5cm 바른다.

비즈

실 끝에 본드를 묻히고 손끝으로 발라 단단하게 만든다.

실 끝으로 비즈를 끼운다.

• 바늘을 사용하는 방법

바늘   재봉실   레이스실   비즈

바늘 끝으로 비즈를 끼운다.

※ 비즈의 구멍이 큰 경우는 재봉실을 쓰지 않고 레이스실을 바늘에 끼워 사용한다.

🧵 '조세핀 체인' 만들기

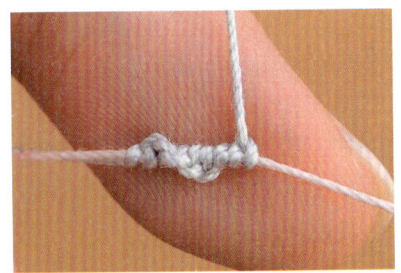

첫 땀 10코를 만든다. 첫 땀 또는 둘째 땀만 반복하면 사진과 같이 매듭이 비틀어지는데, 이것이 조세핀 체인이다.

🪡 35 비즈 끼우기

01

첫 땀 10코를 만들고 담수 펄 비즈를 매듭 끝으로 가져온다.

02

계속해서 첫 땀만 10코 만든다. 조세핀 체인 사이에 담수 펄 비즈가 들어갔다.

36 자개단추 끼우기

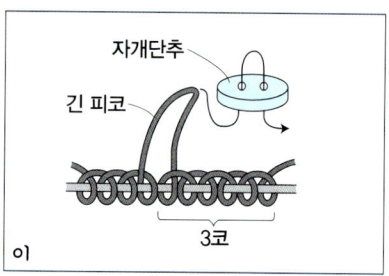

자개단추
긴 피코
3코

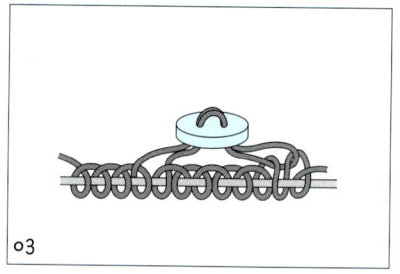

긴 피코 뒤에 더블 스티치를 3코 만들고 자개단추 구멍에 화살표 방향으로 피코를 꿴다.

셔틀을 피코 안에 넣고 화살표 방향으로 실을 꺼낸 후 더블 피코를 만든다(P.50 참조).

계속해서 첫 땀을 만든다. 단추가 들어갔다.

클루니 리프(cluny leaf) 만들기

왼손에 건 실 사이로 셔틀을 통과시켜 잎사귀 모양을 만든다.

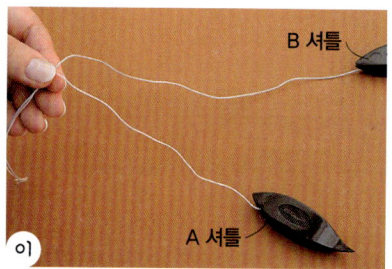

B 셔틀
A 셔틀

왼손 엄지와 검지로 실 2개를 잡는다.

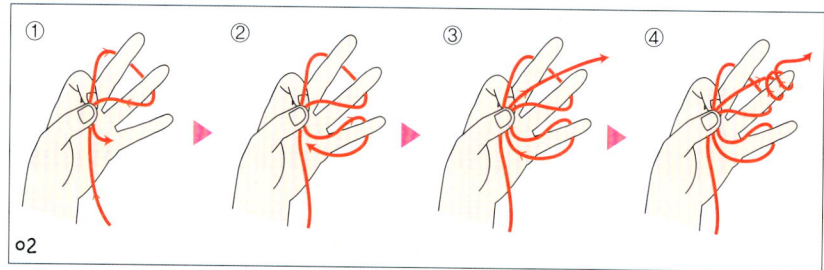

① ② ③ ④

A 셔틀은 그대로 두고 B 셔틀의 실을 왼손에 건다.
①중지와 약지에 실을 걸고 엄지와 검지로 잡는다.
②계속해서 새끼손가락에 건다.
③다시 한 번 엄지와 검지로 잡는다.
④실을 중지와 약지 사이에 넣고 약지에 2~3회 감는다.

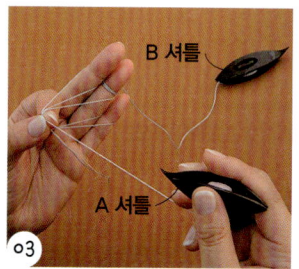

B 셔틀
A 셔틀

B 셔틀은 그대로 두고 A 셔틀을 오른손으로 잡는다.

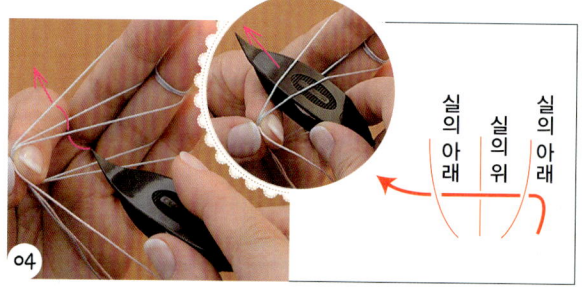

실의 아래   실의 위   실의 아래

왼손의 중지와 약지에 걸려 있는 실에 셔틀을 화살표 방향으로 (오른쪽에서 왼쪽으로) 통과시킨다.

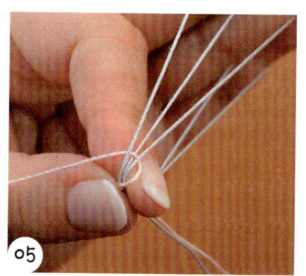

셔틀을 통과시켰다.

Tatting lace

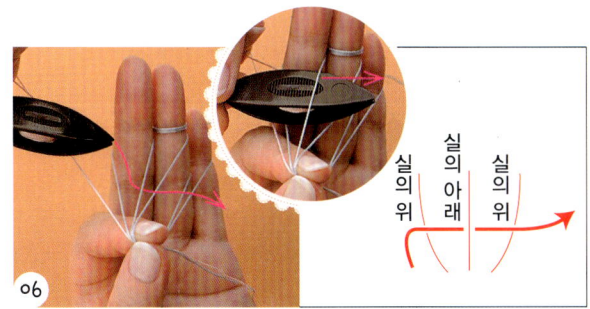

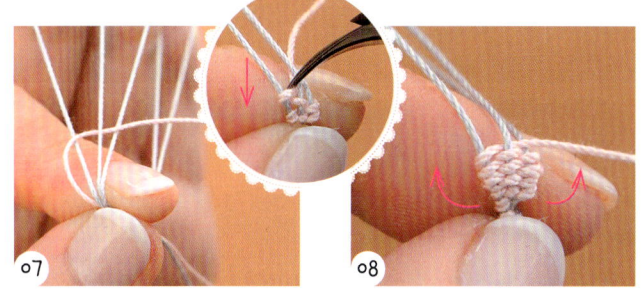

06 화살표 방향으로(왼쪽에서 오른쪽으로) 셔틀을 통과시킨다.

07 셔틀을 통과시켰다. 한 번 왕복한 후 셔틀의 뿔로 실을 내려 모양을 잡는다.

08 04~07을 반복한다. 처음 다섯 번의 왕복 부분은 폭이 점점 넓어지도록 만든다.

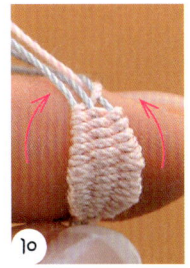

위쪽 고리

새끼손가락에 걸려 있던 아래쪽 고리

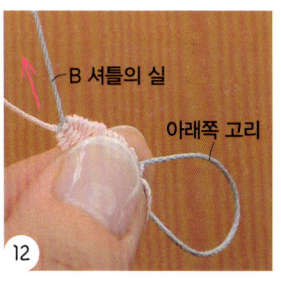

B 셔틀의 실

아래쪽 고리

09 다음 다섯 번의 왕복 부분은 직선으로 만든다.

10 마지막 다섯 번의 왕복 부분은 점점 폭이 좁아지도록 만든다.

11 왼손에 걸려 있는 실을 빼고 새끼손가락에 걸려 있던 아래쪽 고리를 당겨 위쪽 고리를 조인다.

12 B 셔틀의 실을 당겨 새끼손가락에 걸려 있던 아래쪽 고리를 조인다.

13 클루니 리프가 완성되었다.

마무리하기

36

6cm

01

02

01 실을 25회 감는다.

02 양 끝에 태슬을 단다. 35도 동일하게 만든다.

※ 태슬 만드는 방법은 35p를 참고한다.

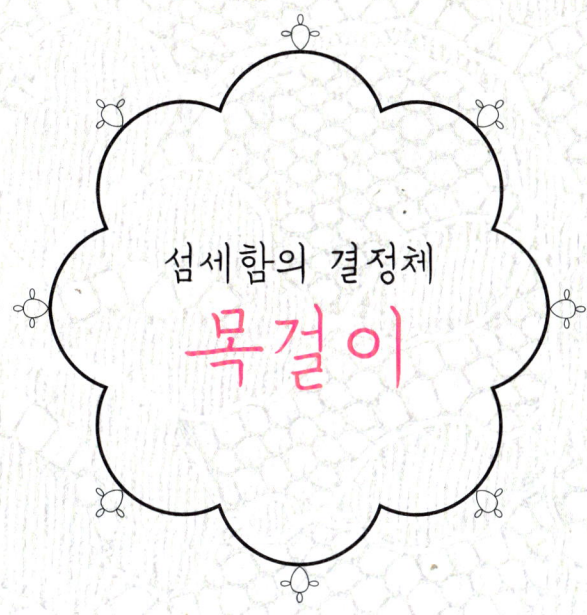

섬세함의 결정체
목걸이

비즈를 넣어 가며 뜬 목걸이.
디자인이 맵시 있고 섬세합니다.
한 줄로 된 것은 세 번 감아 팔찌로도 OK.

- **실**
  면 레이스실 #40
  37 라벤더(13), 퍼플(14)
  38 오프화이트(2)
- **기타 재료**
  37 원형 비즈(小, 크리스털) 약 90개
     걸쇠 1쌍
     O링(0.6×3mm) 4개
  38 원형 비즈(小, 크리스털) 약 50개
     걸쇠 1쌍
     O링(0.6×3mm) 2개
- **도구**
  태팅 셔틀 1개
- **완성 수치**
  37 목둘레 47.5cm
  38 목둘레 53cm
- **만드는 법**
  1. 레이스실에 원형 비즈를 끼운다.
  2. 목걸이를 만든다.
  3. 금속을 단다.

목걸이 만들기

목걸이(37은 라벤더·퍼플 각 1개)

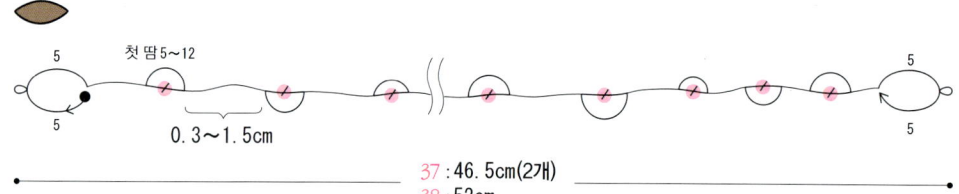

37 : 46. 5cm(2개)
38 : 52cm

※레이스실에 원형 비즈를 미리 끼워 둔다(P.113 참조).
※ ⌢ = 첫 땀 5~12코의 하프 조세핀 노트(코 수는 임의로 만든다).
※ ⌢ = 하프 조세핀 노트 속에 비즈를 끼운다.
※하프 조세핀 노트 사이의 실 길이는 0.3~1.5cm로 만든다.

01 '5코, 피코, 5코'의 링을 1개 만든다.
02 0.3~1.5cm 간격을 두고 첫 땀 5~12코의 하프 조세핀 노트를 만든다. 하프 조세핀 노트 속에 원형 비즈를 끼운다.
03 02를 반복한다. 하프 조세핀 노트의 코 수, 실 길이의 간격은 그때마다 균형을 보면서 임의로 만들어 나간다.
04 마지막에 '5코, 피코, 5코'의 링을 1개 만든다.

Tatting lace

기법 따라 하기

하프 조세핀 노트 속에 비즈 끼우기

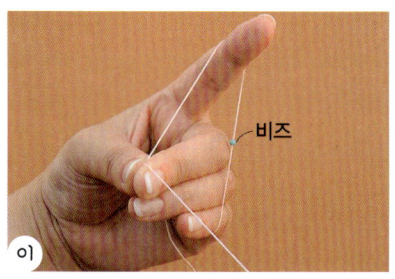

01

링을 만드는 방법으로 왼손에 실을 건다.
이때 비즈 1개를 실 고리에 끼운다.

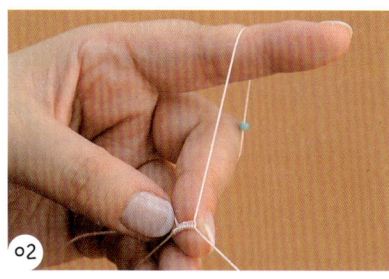

02

첫 땀을 만든다.

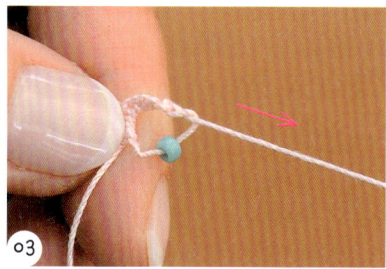

03

실을 당겨 링을 조인다.

04

하프 조세핀 노트 완성. 속에 비즈가 끼워져 있다.

37

O링   걸쇠

마지막 피코에
O링을 끼운다.

38

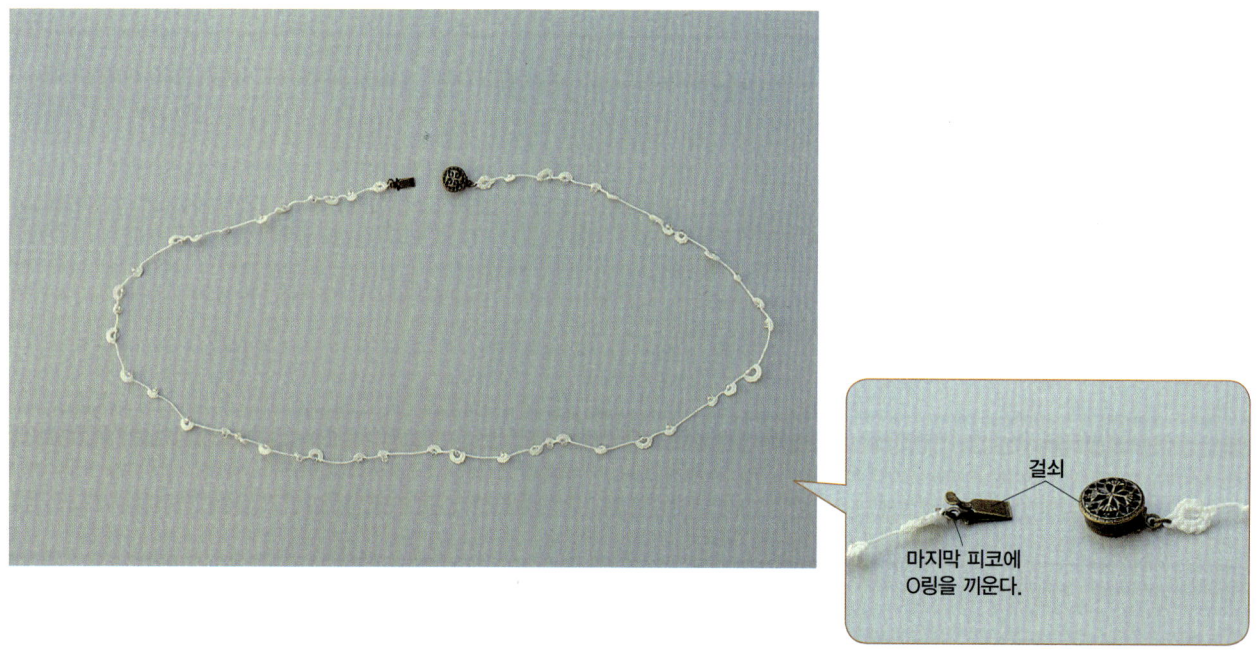

걸쇠

마지막 피코에
O링을 끼운다.

Tatting lace

남은 실은 포장 재료로⋯

실이 조금 남았을 때는 포장 재료로 써도 좋
다. 코드 모양으로 뜬 것을 보관해 두면 소중
한 이에게 선물할 때 감각적으로 포장할 수
있다. 기분에 따라 코 수나 간격을 바꾸거나
다양한 색을 연결해 보자.

Special TIP

실수했을 때 실 풀기

❀ 체인의 경우

실수한 곳까지 매듭을 푼다.

01 마지막으로 만든 매듭에 셔틀의 뿔을 넣는다.

02 오른쪽으로 당겨 매듭을 느슨하게 한다.

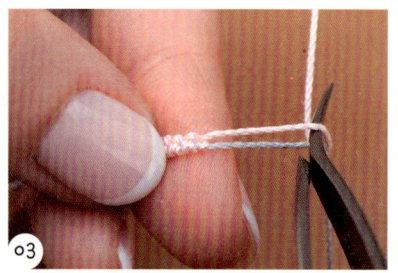

03 느슨해진 매듭 속에 셔틀을 넣는다.

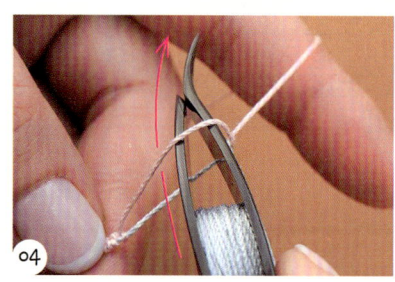

04 셔틀을 통과시켜 매듭을 푼다.

05 반 코 풀었다.

06 계속해서 셔틀의 뿔을 화살표 방향으로 매듭에 넣는다.

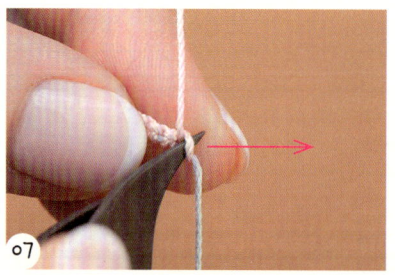

07 오른쪽으로 당겨 매듭을 느슨하게 한다.

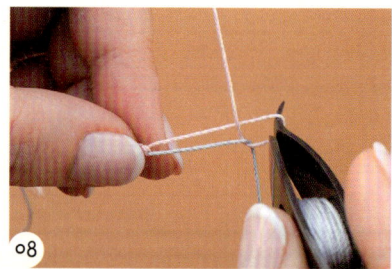

08 느슨해진 상태.

Tatting lace

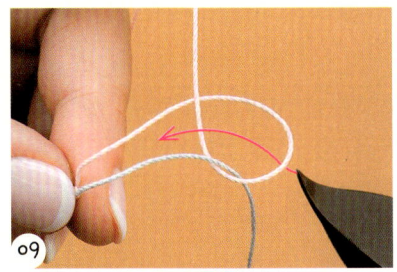

09 셔틀을 매듭에서 빼고 반대쪽에서 화살표
방향으로 넣어 매듭을 푼다.

10 1코 풀었다. 이~10을 반복하여 실수한 곳까
지 매듭을 풀어 나간다.

✿ 링의 경우

· 피코가 적다. 혹은 피코가 없다.
· 레이스실이 가늘다.
· 링을 단단히 조여서 심지 실을 빼낼 수 없다.

단, 위와 같은 경우는 다음의 방법으로 매
듭을 풀 수 없다. 이때는 실수한 부분의 실
을 끊고(링의 중심 부근에서 실을 끊고 체
인을 푸는 방법으로 매듭을 풀어 나감) 실
을 새로 연결한다.

01 십자수 바늘을 마지막 피코의 아래쪽에 화
살표 방향으로 넣는다.

심지 실

02 바늘로 링의 심지 실을 꺼낸다.

03 바늘을 세운 채 수평으로 당겨 심지 실을
늘린다.

04 바늘을 다음 피코의 아래쪽에 넣어 심지 실
을 꺼낸다.

05 바늘을 수평으로 당겨 심지 실을 늘린다.

06 심지 실을 어느 정도 늘렸으면 오른손의 검지와 엄지로 링의 아래쪽 심지 실을 잡는다.

07 심지 실을 아래로 당겨 고리를 늘린다. 그 다음부터는 체인을 푸는 방법과 같이 매듭을 풀어 나간다.

✿ 작업 중 실이 모자라는 경우 새 실 연결하기

남은 실이 짧아지면 실을 새로 연결한다. 새 실의 끝 부분도 5cm 정도 남기고 묶는다.

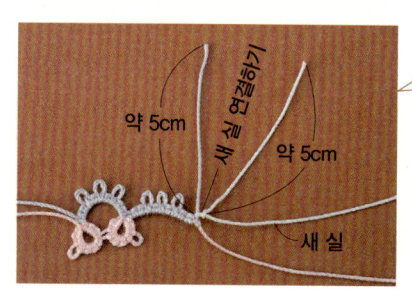

약 5cm

새 실 연결하기

약 5cm

새 실

마지막 매듭일 때 새 실을 연결한다.
(링을 만들기 직전에 연결한다.)

👉 **TIP 새 실 연결하기**
매듭이 단단히 묶여 잘 풀리지 않도록 하는 방법이다.

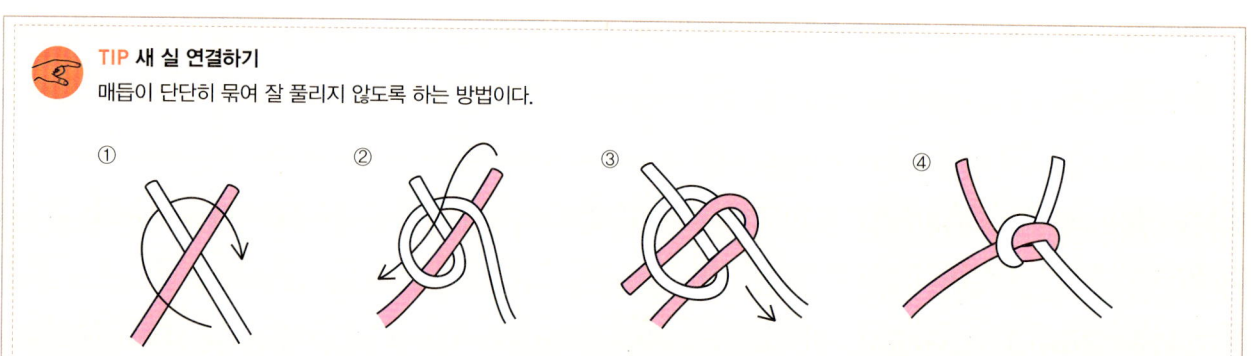

① ② ③ ④

실 끝 처리하기

❀ 안에서 묶는 방법

이 실 끝을 약 15cm 남기고 자른 후 안쪽에서 한 번 묶는다.

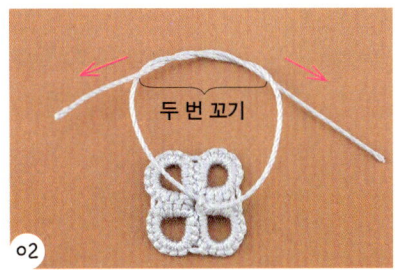

두 번 꼬기

02 이번에는 실을 두 번 꼬아 한 번 더 묶는다.

03 매듭에 풀림방지액을 소량 바르고 실 끝을 짧게 자른다.

❀ 꿰매는 방법

이 실 끝을 안쪽에서 묶은 후 약 15cm 남기고 잘라 십자수 바늘을 꿴다.

02 바늘을 매듭 속에 화살표 방향으로 찔러 넣는다.

03 반대쪽으로 바늘을 뺀다.

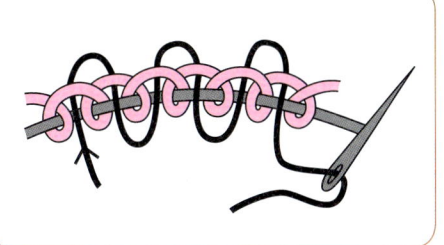

04 이번에는 바늘을 반대 방향으로 통과시킨다. 02~04를 반복하여 그림과 같이 매듭 속에 실을 꿰매어 넣는다.

05 실 끝을 짧게 자른다. 또 다른 실 끝도 이와 같은 방법으로 반대쪽으로 꿰매어 처리한다.

작품 끝손질하기

완성한 작품에 다리미용 스프레이 풀을 뿌리면 깔끔하게 마무리되고 모양이 잘 변하지 않는다.
작품의 안쪽이 위로 오도록 놓고 스프레이 풀을 뿌린다.

커피, 요리, 스토리의 테마가 있는 공간으로 고객에게
잔잔한 행복을 드리는 Restaurant & Bar

CAFFE 3rd AVENUE

A New Choice..3rd Avenue
집과 직장, 반복된 2가지의 일상에서 벗어나고픈 당신께 특별한 설렘을 선사합니다. 제 3의 공간에서
여행의 설렘과 추억을 선사해 드릴 것입니다.

Make it right
〈카페 써드 에비뉴〉는 고객과 함께 만들어가는 새로운 Restaurant & Bar 브랜드를 추구합니다. 3rd
는 새로운 선택이자 다양한 고객들의 니즈를 충족시켜준다는 의미를 가집니다. 〈카페 써드 에비뉴〉는
로스팅룸, 커피바, 키친에서 로스터, 바리스타, 파티쉐가 고객에게 제대로 된 커피와 요리를 제공합니다. 또한
Avenue는 길에서 여행이 시작되기 때문에 써드 에비뉴가 고객의 새로운 여행이 시작되는 곳이라는 것을
뜻합니다. Make it right은 카페 써드 에비뉴의 슬로건 입니다. 손님에게도, 써드 에비뉴 패밀리에게도
제대로 만들어 드리겠다는 다짐을 나타냅니다.

가맹점 문의 02)787-1296   온라인 판매처 http://blog.naver.com/caffe3avenue
공식 페이스북 https://www.facebook.com/3rdavenue

Caffe 3rd AVENUE

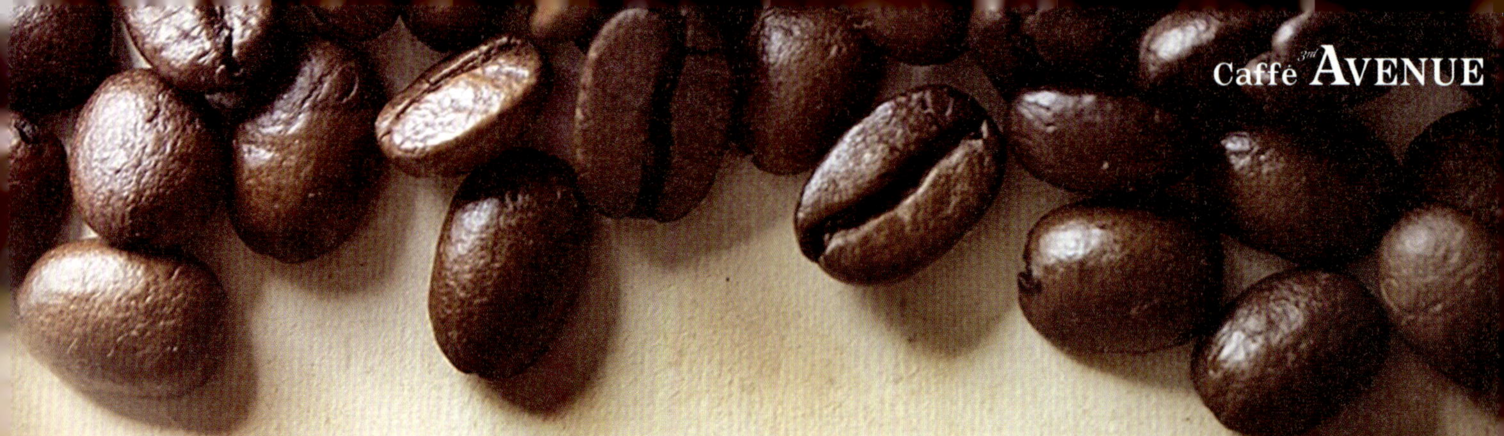

카페 써드 에비뉴 블렌딩 원두는
후블렌딩 방식만을 사용합니다

프리미엄 로스팅 원두

최상급 아라비카 원두만을 사용한 블렌딩으로 중후하고 조화로운 깊은 맛이 특징입니다. 후미에서 느껴지는 초콜릿 향과 목넘김이 좋아 아메리카노는 물론 베리에이션에도 잘 어울리는 원두입니다.

Blending Beans of Origin : Brazil. Kenya AA. Ethiopia sidamo

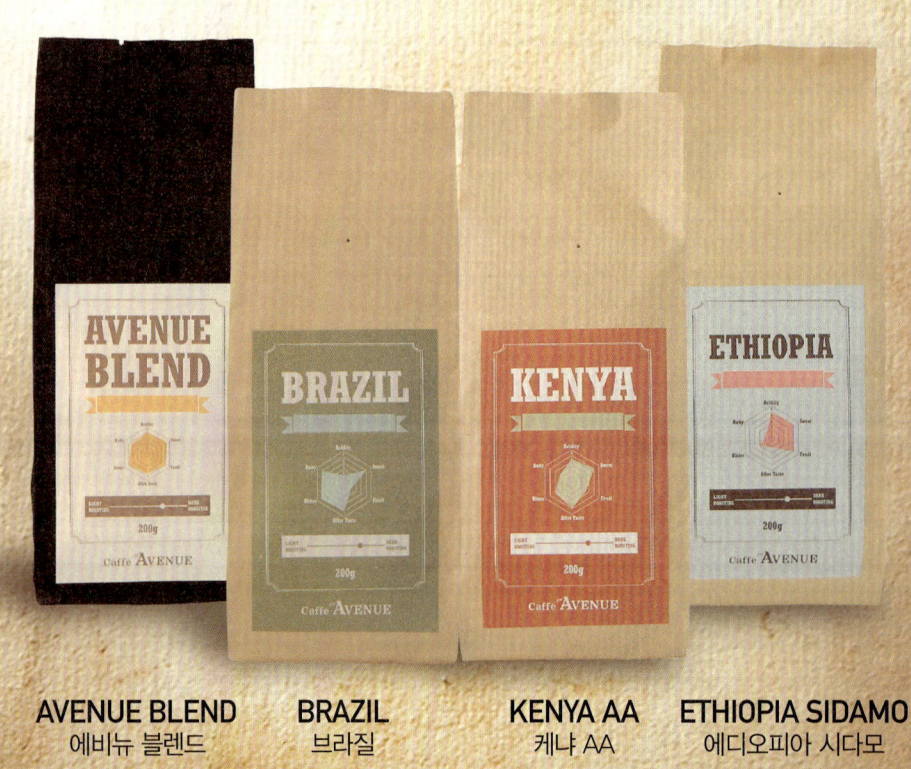

AVENUE BLEND
에비뉴 블렌드

BRAZIL
브라질

KENYA AA
케냐 AA

ETHIOPIA SIDAMO
에디오피아 시다모